Marius Dannenberg, Frank H. Wildschütz

Erfolgreiche Online-Werbung

Werbekampagnen planen, umsetzen, auswerten

2. vollständig überarbeitete und erweiterte Auflage

BusinessVillage
Update your Knowledge!

Marius Dannenberg, Frank H. Wildschütz

Erfolgreiche Online-Werbung
Werbekampagnen planen, umsetzen, auswerten
2. vollständig überarbeitete und erweiterte Auflage
Göttingen: BusinessVillage, 2006
ISBN 978-3-938358-39-9

Bezugs- und Verlagsanschrift

BusinessVillage GmbH
Reinhäuser Landstraße 22
37083 Göttingen

Telefon:	+49 (0)5 51 20 99-1 00
Fax:	+49 (0)5 51 20 99-1 05
E-Mail:	info@businessvillage.de
Web:	www.businessvillage.de

Layout und Satz

Sabine Kempke

Copyrightvermerk

Bestellnummern

PDF-eBook Bestellnummer EB-690
Druckausgabe Bestellnummer PB-690
ISBN 978-3-938358-39-9

Für
meine Frau Katrin

Frank H. Wildschütz

Über die Autoren

Frank H. Wildschütz (Dipl.-Oec.) studierte an der Universität Kassel Wirtschaftswissenschaften und erwarb zwei Diplome. Er verfügt durch Studium und praxisbezogene Autodidaktik über ein breites und aktuelles Wissen im Themenbereich Werbung. Neben der klassischen Mediawerbung und der Werbepsychologie liegt sein Schwerpunkt auf der Online-Werbung.

Er ist Buchautor und Verfasser mehrerer wissenschaftlicher Arbeiten und Fachartikel zu Themengebieten wie Mediaplanung, Online-Werbung, Werbepsychologie, Internationale Werbung, aber auch zu betriebswirtschaftlichen Aspekten wie Projektmanagement oder Kostenplanung. Ferner hat er mehrere Vorträge und Präsentationen zum Thema Werbung an der Universität Kassel sowie in der Industrie gehalten. Durch die Mitwirkung an diversen E-Commerce- und Online-Werbeprojekten kennt er die Probleme der praktischen Umsetzung von Werbekonzeptionen.

Als Controller setzt er sich für ein diszipliniertes Kostenbewusstsein und eine hohe Ergebnisorientierung ein – für die Volkswagen AG führte er beispielsweise das erste Online-Werbecontrolling durch.

Dr. Marius Dannenberg verfügt über einen umfangreichen Wissens- und Erfahrungsschatz im Themenfeld Marketing, sowohl aus der Praxis – als Unternehmensberater und Vorstand eines Beratungsunternehmens – als auch aus der Wissensvermittlung für die Praxis als Professor, Dozent und Seminarleiter sowie als Fachautor.

Er ist Verfasser mehrerer wissenschaftlicher und praxisorientierter Bücher und etlicher Fachartikel zu den Themen Marketing, Management und E-Business. Als Professor für E-Business lehrt er an der Steinbeis-Hochschule in Berlin, daneben ist er Lehrbeauftragter für E-Business an der Universität Kassel sowie an der Kassel International Management School (KIMS).

Einleitung

Deutschland 2010: Gerade hat Familie Schmidt ihr Fernsehgerät verkauft. Sie braucht das Gerät nicht mehr. Das ganze Haus ist vernetzt, Familie Schmidt hat einen rasend schnellen Anschluss und ist rund um die Uhr online. Tagsüber plaudert Frau Schmidt mit ihren Freundinnen via Video-Software, die Kinder gestalten ihre eigenen Websites und auch abends um acht ist die Welt 2010 eine andere: Die Familie sitzt in Ruhe beim Essen. Um 22 Uhr schauen sich die Eltern mit ihrer Heimkino-Anlage die automatisch aufgezeichnete Tagesschau an, danach gibt es einen Abendfilm im On-Demand-Stream. Weil ein Autokauf ansteht, informiert sich Herr Schmidt noch schnell im Internet über die passenden Automodelle. Er begibt sich in virtuelle Fahrsimulatoren und ruft Angebote ab. Einige Minuten später erhält Herr Schmidt vom Autohersteller X eine zweitägige Probefahrt per Mobil-Coupon. Die Schmidts sind keine Technik-Freaks. Dennoch: Statt sich passiv berieseln zu lassen, navigieren sie aktiv im globalen Medienangebot. Der Konsument ist interaktiv und seine Tastatur ist die Fernbedienung. (Absatzwirtschaft 05/2006).

Die Zukunft hat bereits begonnen

So oder ähnlich kann es bereits in wenigen Jahren aussehen – viel Phantasie benötigt man für dieses Szenario nicht, es ist eine logische und konsequente Folge der aktuellen Entwicklungen. Unter dem Stichwort „Triple-Play-Service“ werden heute bereits Kommunikationslösungen für Telefon, Fernsehen und Internet aus einer Hand angeboten, die Datenübertragungsrate beträgt bis zu 50 Megabit pro Sekunde. Nach DVB-T bekommt UMTS mit DVB-H (H steht für Handheld) im mobilen TV-Bereich echte Konkurrenz. Ein weiterer neuer Trend heißt IP-TV, Fernsehen per Internet. Aktuell nutzen weltweit rund zwei Millionen Menschen diese Technologie. Die Analysten der Management Research Group (MRP) prophezeien IP-TV ein explosionsartiges Wachstum: Bis 2008 soll sich die Zahl der Nutzer bereits verzehnfacht haben. IP-TV eröffnet speziell für Special-Interest-Channel neue Möglichkeiten, weil keine teuren Sendeplätze auf einem Satelliten oder im Kabel benötigt werden, um in die Wohnzimmer der Konsumenten zu gelangen. Die rasanten Veränderungen zeigen sich auch in den klassischen Medien. Während man 1988 in Deutschland noch zwischen acht Fernsehprogrammen wählen konnte, sind es heute rund 308. Hinzu kommen 330 Radiosender und annähernd 2.000 Zeitschriften. Unzählige Werbetreibende buhlen tagtäglich auf allen erdenklichen Kanälen (Medien) und zu allen erdenklichen Zeiten um die Gunst der Konsumenten.

Das Institut für Marketing und Kommunikation (IMK) hat ermittelt, dass deutsche Verbraucher dabei mehr als 6.000 Werbekontakte pro Tag wahrnehmen. Relativierend muss gesagt werden, dass neben den eigentlichen Werbemitteln auch Leuchtreklamen, Schaufenster, Aufkleber, Logos auf Bekleidungen, Tüten und der gleichen erfasst wurden. Im zweiten Schritt wurden die Probanden gefragt, an wie viele Werbekontakte aus den letzten 24 Stunden sie sich bewusst erinnern. Im Durchschnitt waren es nicht mehr als drei! Weitergehende Analysen ergaben, dass nicht Lautstärke oder Penetranz die Pforte zum Bewusstsein des Konsumenten öffnen, sondern Akzeptanz.

Der neue Konsument

Durch den Wandel vom Verkäufer- zum Käufermarkt, unterstützt durch zunehmenden Wohlstand und den Drang, Produkte und Dienstleistungen entsprechend den persönlichen Präferenzen zu beziehen, tritt der klassische konsistente Konsument, der Rückschlüsse auf die zu Grunde liegende Zielgruppenstruktur zulässt, verstärkt in den Hintergrund. Das Bild wird geprägt vom **hybriden Konsumenten,** der ein Nebeneinander unterschiedlicher bis widersprüchlicher Verhaltensweisen offenbart (beispielsweise ein spar- und ein luxusorientiertes Einkaufsverhalten).

- High-Involvement-Güter wie PCs werden bei Discountern wie Aldi gekauft.
- Hochwertige Exklusiverzeugnisse (beispielsweise Joop!-Anzug, Audi TT) werden parallel zu Low-Price-Gütern (No-Name-Produkte) gekauft. Es sei an die Publikation „Im Armani zu Aldi" erinnert.

Dieses Phänomen des wechselnden Konsumverhaltens erschwert zunehmend eine scharf konturierte Zielgruppensegmentierung. Eine Steigerung zum hybriden Konsumenten stellt der **multioptionale Konsument** dar. Er lässt sich durch mehrdimensionale Handlungsprinzipien beschreiben, da er mehrere Konsumziele gleichzeitig verfolgt. Als Steigerung des multioptionalen Konsumenten beschreibt Liebmann das Zukunftsszenario des paradoxen Konsumenten, dessen Verhalten in keiner Weise vorhersehbar ist. Die zunehmende Spontanität und Fluktuationsbereitschaft der Konsumenten erschwert den Aufbau kontinuierlicher Marketing- und Werbestrategien.

Consumer Resistence – wenn Unternehmen stören

Die kommunikativen Push-Strategien vieler Marketer verstärken sich mit dem gestiegenen Medienangebot zu einem Akzeleratorprozess. In der Konsequenz entwickeln viele Konsumenten Schutzmechanismen, die die selektive Wahrnehmung fördern. Man nimmt nur wahr, was man wahrnehmen will. Dieser imaginäre Filter ist als Resultat unserer Medienerfahrung zu sehen – wir sind zum Teil **werberesistent** geworden. Fernsehsender versuchen dem „Opting-Out", also dem Zapping bei Werbeblöcken, durch den verstärkten Einsatz der Splitscreen-Werbung zu entgegnen. Zeitschriften sind bestrebt, sich durch „Schnellfinder-Layouts" den neuen flüchtigen Lesegewohnheiten anzupassen. Die größte Herausforderung für einen Werbetreibenden ist es heutzutage, Aufmerksamkeit zu erlangen, um nicht in der Werbemasse zu verstummen.

Vom rationalen, aktiv nach Informationen suchenden Konsumenten ist man spätestens seit Krugman abgekommen (Low-Involvement-Modell). Der Werbung kann es heutzutage nicht gelingen, den gesättigten Konsumenten betroffen zu machen, ihn zu überzeugen und zur finalen Kaufhandlung zu führen. Das Ziel heutiger Mediawerbung besteht vielmehr darin, den Konsumenten durch häufige Wiederholung latent den Markennamen beziehungsweise Werbe-Claim oder Slogan lernen zu lassen, um die Erinnerung an das Produkt oder die Marke zu festigen. Der heutige

Werbetreibende verfolgt das Ziel, in das „Evoked Set“ der Konsumenten zu gelangen. Dies bedeutet, dass das Produkt oder der Hersteller in der Kaufsituation vom Konsumenten erinnert und als Alternative in Erwägung gezogen wird. Es lässt sich daher sagen, dass Unternehmen heute nicht mehr primär im Produktions- beziehungsweise Dienstleistungswettbewerb, sondern zunehmend auch im **Informationswettbewerb** zueinander stehen.

Das Schrotschuss-Prinzip der „one-to-many“-Kommunikation (Massenwerbung) stößt dabei an seine Grenzen, denn der Versuch, möglichst viele mit einer einheitlichen Kampagne anzusprechen, führt leider häufig dazu, den Minimal-Konsens zum Prinzip zu erheben und sich auf den kleinsten gemeinsamen Nenner zu reduzieren. Wollen wir den Verbraucher jedoch wirklich begeistern, überzeugen, müssen wir polarisieren, ihm etwas geben, was ihn interessiert.

Werbung von morgen stellt sich dem Konsumenten nicht in den Weg, sie begleitet ihn und ist beziehungsweise wird ein stets erkennbarer Teil des Mediums.

Hier kann das Internet als interaktives, hochverfügbares und multimediales Werbemedium all seine Stärken ausspielen. Online-Werbung (zum Beispiel Keyword-Advertising) ist Pull-Werbung und nicht wie in den klassischen Medien Push-Werbung. Bei der Online-Werbung entscheidet der Konsument, wann und zu welchem Thema er Informationen haben möchte und „zieht“ sich diese aus dem Netz!

Online-Werbung auf Wachstumskurs

Zukunfts- und Medienforscher sind sich sicher, dass künftig verstärkt Gelder von den klassischen Werbemedien in die neuen Online-Werbeformen umgeleitet werden. Im Marketing-Pionierland Amerika haben Werberiesen wie Coca-Cola und Procter & Gamble bereits damit begonnen, sich aus dem Massenmarketing zurückzuziehen, und McDonald's hat seine TV-Werbeausgaben sogar halbiert. Doch man braucht gar nicht in das ferne Amerika zu schauen, die aktuellen Zahlen des deutschen Werbemarktes sprechen dieselbe Sprache.

2005 wurde der Umsatz mit Online-Werbung um 60 Prozent auf 885 Millionen Euro gesteigert (Nielsen Media Research GmbH). Die klassische Mediawerbung konnte im Vergleichszeitraum nur eine Wachstumsrate von 5,3 Prozent verzeichnen. Nielsen ermittelte für 2005 folgende Einzelwerte:

Fernsehen	8,0 Mrd. €	(+4,2%)
Tageszeitung	5,0 Mrd. €	(+9,9%)
Publikumszeitschriften	3,9 Mrd. €	(–0,6%)
Radio	1,2 Mrd. €	(+15,7%)
Internet	**0,9 Mrd. €**	**(+60,0%)**
Plakat	0,6 Mrd. €	(+8,8%)
Fachzeitschriften	0,4 Mrd. €	(+0,7%)
Gesamtmarkt	20 Mrd. €	(+8,4%)

Den Zahlen ist zu entnehmen, dass sich das Internet als Werbemedium kontinuierlich nach oben arbeitet und sukzessive ein Medium nach dem anderen hinter sich lässt. Der Online-Vermarkterkreis (OVK) prognostiziert für 2006 ein Online-Werbevolumen von 1,3 Milliarden Euro (+ 46 Prozent) – damit ist das Medium Radio bereits mehr als anvisiert. Der OVK ergänzt, dass diese Entwicklung umso erstaunlicher ist, weil die klassische Mediennutzung im Zeitbudget der Konsumenten immer noch drei mal höher ist als die Nutzung des Internets. In den USA entfallen nach Angaben von TNS Media heute bereits 5,6 Prozent des gesamten Werbekuchens auf die Online-Werbung.

Kommentar in eigener Sache

In einer Rezension zu unserem 2003 erschienenen „Handbuch Werbeplanung" war der kritische Kommentar zu lesen, dass die Autoren (also wir) der Online-Werbung viel Raum gewidmet haben und offenbar auf ein starkes Wachstum dieses Werbemediums setzen. Nun, die Vorsehung hat uns Recht gegeben!

Der Löwenanteil der Online-Werbung von 535 Millionen Euro (60 Prozent) fließt nach wie vor in die klassische Banner-Werbung. Dank steigender Bandbreiten ist jedoch zunehmend ein Trend zur Bewegbild-Werbung wie Streaming-Ads und Flash-Animationen zu beobachten. In der OVK-Statistik rangiert das Suchmaschinen-Marketing nach der Banner-Werbung mit einem Werbevolumen von 245 Millionen Euro (27,7 Prozent) auf dem zweiten Platz. Mit einem Wachstum von 123 Prozent zum Vorjahr ist dies der mit Abstand dynamischste Bereich der Online-Werbung. Mit einem Umsatz von 105 Millionen Euro (11,9 Prozent) liegen sogenannte Affiliate-Netzwerke auf dem dritten Platz. Hier werden Wachstumsraten von bis zu 75 Prozent erzielt. Das Prinzip von Affiliate-Advertising ist recht simpel: Die Werbung wird in einem großen Netzwerk oft hunderter, meist weniger reichweitenstarker Sites – den sogenannten Affiliates – geschaltet. Die Werbekunden bezahlen ausschließlich nach Klicks und Kaufabschlüssen. Diese Werbeform ist somit response- und erfolgsorientiert. Sie eignet sich daher besonders für Produkte, die direkt online bestellt oder gekauft werden können – session-based sozusagen.

Die Liste der **Online-Big-Spender** wird von den Online-Dienstleistungen angeführt. An zweiter und dritter Stelle folgen klassische Produktgruppen wie Telekommunikation, Finanzen und Versicherungen. Nach dem Bereich E-Commerce rangiert der Automobilmarkt an fünfter Stelle.

Die **reichweitenstärksten Online-Werbesites** erreichen pro Monat mehr als zehn Millionen Konsumenten. Die meistfrequentierten Werbeträgersites sind dabei T-Online und Web.de, danach folgen weitere Portale wie GMX, MSN, Yahoo!, Lycos, AOL und mobile.de. Stark gefragt von den Nutzern sind aber auch Online-Ableger klassischer Offline-Medienformate wie RTL, ProSieben, Bild, Spiegel oder Focus.

Das könnte sich jedoch künftig ändern – es ist ein leichter Trend zur verstärkten Nutzung kleinerer spezialisierter Websites erkennbar. Dieser Trend wird von den Amerikanern „Long Tail-Phänomen" genannt. Die Mediaplanung ist daher gefordert, auch rechts und links der großen Portale zu schauen.

Die gestiegene Bedeutung des Internets als Werbemedium korreliert mit der zunehmenden Penetration in der Bevölkerung und der **wachsenden Online-Konsumakzeptanz.** Nach der offiziellen AGOF-Studie (Arbeitsgemeinschaft Online-Forschung) „internet facts 2005“ sind in Deutschland rund 55 Prozent der Bevölkerung innerhalb eines Quartals online. Das entspricht 35,5 Millionen Menschen beziehungsweise potenzielle Kunden! Nach einer repräsentativen Umfrage von ARD und ZDF surfen dabei bereits 34 Prozent über Laptop, Handy oder PDA (Personal Digital Assistant) mobil im Internet. Die AGOF-Studie ergab, dass sich 94,3 Prozent der Internetnutzer schon einmal in der Pre-Sales-Phase im Internet über Produkte informiert haben und 73,5 Prozent gaben an, in den letzten 12 Monaten etwas im Internet gekauft zu haben.

BITKOM (Bundesverband Informationswirtschaft, Telekommunikation und neue Medien e.V.) ermittelte für das Jahr 2005, dass 30 Prozent aller in Westeuropa über das Internet gehandelten Waren und Dienstleistungen in Deutschland abgesetzt wurden. Damit ist Deutschland Spitzenreiter im europäischen Online-Handel. Stark angestiegen sind hierbei die Käufe der deutschen Privatkunden, welche rund 32 Milliarden Euro im Internet ausgegeben haben, ein Anstieg zum Vorjahr um 43 Prozent. Bis 2009 soll der Umsatz im B2C-Bereich auf 114 Milliarden Euro steigen.

Damit ist klar, das Internet hat sich verändert: Weg vom Spaß- und Unterhaltungsmedium, hin zum Kaufberater und Full-Line-Shop – nach der Devise: Everybody, Everything, Everywhere, Everytime …

Zur zweiten Auflage

Mit der ersten Auflage wurde der Praxisleitfaden „Erfolgreiche Online-Werbung“ als sprichwörtliche „Machete“ für den Online-Werbedschungel positioniert, die praxisbezogen und komprimiert den Wildwuchs des anarchischsten aller Werbemedien ordnet. An dieser bewährten Positionierung wird festgehalten. Das Buch wurde überarbeitet und um neue Inhalte wie AGOF, OVK, Nielsen AdAlert, Layer Ads, Advertainment, Pay per Call, eine Cross-Media Case-Study und und und … erweitert. Im Geleitwort zur ersten Ausgabe hob Alexander Holl, Marketingdirektor Overture Deutschland, hervor, dass erstmals in einem Fachbuch das Suchmaschinen-Marketing als wachstumsstärkste Online-Werbeform entsprechend gewürdigt wurde. Was uns ermutigte, diesen Bereich mit Inhalten wie generisches Suchmaschinen-Marketing, CPO-Suchmaschinen-Marketing, Klickpreisindex BIDDEXX oder die Google-Funktionen AdWords, AdSense und AdsBot zu erweitern. Die Struktur des Leitfadens wurde dabei weiter gestrafft, um noch deutlicher Zusammenhänge und Korrelationen aufzuzeigen.

Der Leser wird in die Lage versetzt, Angaben von Werbe- und Mediaagenturen beurteilen zu können, um ihnen nicht wie bisher auf Gedeih und Verderb ausgeliefert zu sein. Mehr noch, der Leitfaden soll Unternehmen beziehungsweise Consultants dazu verhelfen, eigene Online-Werbekampagnen professionell zu planen und umzusetzen. Unternehmen sollen bei diesem Prozess professionell begleitet werden.

Zu diesem Zweck beschreibt der Leitfaden alle relevanten Disziplinen der professionellen Online-Mediaplanung – von der Zieldefinition und Planung über die Realisierung bis hin zur Kampagnenauswertung und -optimierung. Der Leitfaden flankiert dabei weitere betriebswirtschaftliche

Fragestellungen. Der Leser profitiert neben einer hohen inhaltlichen Aktualität und Vollständigkeit, diversen Tipps und Web-Links vor allem von den Praxiserfahrungen der Autoren.

Lernen Sie nicht aus Ihren eigenen Fehlern, lernen Sie aus vergangenen Fehlern anderer. Machen Sie von den überlegenen Möglichkeiten der selektiven Zielgruppenansprache via Internet Gebrauch und tauschen Sie Ihre werbliche Schrotflinte gegen ein Präzisionsgewehr, um Ihre Zielgruppe zu „treffen"!

Für – über das vorliegende Buch hinausgehende – weitere Informationen zur Intermediaplanung und damit neben Online auch zu den klassischen Medien (Offline) sei auf das aktuelle Fachbuch der Autoren **„Handbuch Werbeplanung"** aus dem Schäffer-Poeschel-Verlag verwiesen.

Wildschütz/Dannenberg, 2006

1. Institutionen, Interessenvertretungen und Studien der Online-Werbebranche

Bevor im Weiteren des Buches die Phasen der Online-Mediaplanung durchlaufen werden, wird es für zielführend erachtet, wesentliche Institutionen und Interessenvertretungen der Internet- und Online-Werbebranche kurz zu betrachten (in alphabetischer Reihenfolge). Sie gelten als generelle Anlaufpunkte und sind bestrebt, durch selbstverpflichtende Regulationen den anarchischen Online-Werbemarkt zu ordnen und damit die Transparenz und die Akzeptanz dieses Mediums im Allgemeinen und als Werbemedium im Speziellen zu steigern.

Dies ist erforderlich, weil durch das Fehlen gesetzlich legitimierter Kontroll-Institutionen sowie das Fehlen gesetzlicher und kapazitiver Werberestriktionen eine schier unüberschaubare Fülle an Werbeformen, Schaltungs- und Abrechnungsmodellen entstanden ist.

ACTA
(Allensbacher Computer- und Telekommunikations-Analyse)
http://www.acta-online.de
Die ACTA wird seit 1997 vom Institut für Demoskopie Allensbach erstellt, um die Ausbreitung der neuen Technologien in den privaten Haushalten, die Entwicklung der Nutzung und die Auswirkungen auf das Informations- und Konsumverhalten zu dokumentieren. Die kontinuierliche Untersuchungsreihe, die jährlich auf der Basis von mehr als 10.000 Interviews erhoben wird, ermöglicht eine systematische Analyse der Trends und Marktchancen sowie attraktiver Zielgruppen. Daneben werden zugleich Veränderungen von Einstellungen und Gewohnheiten, Wünschen und Interessen der Bevölkerung beobachtet.

Die ACTA 2005 dokumentiert detailliert die Größe und Struktur der Potenziale, die Ausstattungswünsche und Kaufkriterien, die qualitative Entwicklung der Nutzung und die Erreichbarkeit der Zielgruppen über Medien. Die ACTA liefert auch repräsentative Leistungswerte und Nutzerstrukturen für verschiedene Angebote im Internet.

Die ACTA hat sich in kurzer Zeit zu einer festen Größe für die Marktbeobachtung und die Planung von Print- und Onlinemedien in den Computer- und Technikmärkten entwickelt. Die Studie ist damit eine wertvolle Informationsquelle für Marktforscher und Marketingspezialisten wie für Streuplaner, die die Ansprache von Zielgruppen optimieren möchten.

AGOF
(Arbeitsgemeinschaft Online-Forschung e.V.)
http://www.agof.de
Die AGOF wurde 2002 mit dem Ziel gegründet, unabhängig von Individualinteressen für Transparenz und praxisnahe Standards in der Internet- und Online-Werbeforschung zu sorgen. Zu den konstituierenden Mitgliedern zählen unter anderem AdLink Internet Media, AOL Deutschland, BAUER MEDIA, G&J Electronic Media Sales, GMX, Lycos, SevenOne Interactive, Tomorrow Focus,

WEB.DE und Yahoo! Deutschland. Haupt-Output der AGOF ist die erstmals auf der OMD 2005 (Online-Marketingmesse Düsseldorf) präsentierte Studie internet facts. Diese Studie wird mit diversen Dienstleistern wie INFOnline, Interrogare, ISBA, Media-Micro-Census, Spring oder TNS erstellt, erscheint quartalsweise und verfolgt das Ziel, die Nutzung des Werbeträgers Internet medienadäquat abzubilden. Dazu erfolgt eine Erhebung von Netto-Reichweiten und eine detaillierte Beschreibung der Zielgruppen für alle Werbeträgerangebote und Belegungseinheiten auf Basis der Grundgesamtheit der deutschen Bevölkerung ab dem 14. Lebensjahr. Die Erhebungsmethode ist ein Multi-Methodenmodell auf Basis einer technischen Messung, einer OnSite-Befragung und einer bevölkerungsrepräsentativen CATI-Erhebung (Telefonbefragung). Internet facts ist damit vergleichbar mit den klassischen Print-, Radio- und Plakat-Media Analysen (MA) der Arbeitsgemeinschaft Media Analyse e.V. (AG.MA) oder dem Fernseh-Pannel der GfK (Gesellschaft für Konsumforschung).

BITKOM
(Bundesverband Informationswirtschaft, Telekommunikation und Neue Medien e.V.)
http://www.bitcom.org

BITKOM bezeichnet sich selber als das Sprachrohr der IT-, Telekommunikations- und Neuen-Medien-Branche. Der Verband vertritt mehr als 1.000 Unternehmen. Die BITKOM-Mitglieder erwirtschaften im deutschen ITK-Markt rund 120 Milliarden Euro; dies entspricht 90 Prozent des Marktes. BITKOM verfolgt mit seiner Lobbyarbeit das Ziel, optimale politische und wirtschaftliche Rahmenbedingungen für die ITK-Branche zu erzielen. Neben PR und Networking bestehen die BITKOM-Leistungen im Info-Service über aktuelle Branchenentwicklungen und im Erstellen eigener Marktforschungen. Darüber hinaus werden Checklisten und Leitfäden publiziert.

BVDW
(Bundesverband Digitale Wirtschaft e.V.)
http://www.bvdw.de

Der aus dem 1995 gegründeten dmmv (Deutschen Multimedia Verband e.V.) hervorgegangene BVDW ist Europas mitgliederstärkste Interessen- und Berufsvertretung der Digitalen Wirtschaft mit mehr als 940.000 Beschäftigten. Die rund 900 Mitglieder stammen aus den Branchen Internet- und Multimedia-Dienstleistungen, Software-Entwicklung und -Handel, Systemhäuser, Zugangsplattformen, Online-Dienste und Internetangebote (E-Content, E-Commerce, E-Service). Als maßgeblicher Berufsverband entwickelt der BVDW Aus- und Weiterbildungsmodelle, Kalkulationsgrundlagen, Musterverträge und Handlungsempfehlungen. Der BVDW steht dabei in ständigem Dialog mit Politik, Öffentlichkeit und anderen Verbraucher- und Branchenverbänden.

DDI (Deutsches Digital Institut)
http://www.deutsches-digital-institut.de

2006 wurde in Berlin das neue Medien-Institut DDI gegründet. Es soll sich hauptsächlich mit dem Wandel der Medienlandschaft durch digitale Medien beschäftigen. Geplant sind Analysen, Forschungsprojekte und Publikationen. Das Institut finanziert sich durch Forschungsaufträge und Workshops. Aktuelle Themen sind die Refinanzierung digitaler Satellitenverbreitungen sowie neue Werbe- und Bezahlmodelle.

EIAA
(European Interactive Advertising Association)
http://www.eiaa.net

Die 2001 in Cannes gegründete EIAA ist ein paneuropäischer Industrieverband von Online-Vermarktern. Mitglieder sind: AdLINK Internet Media, AOL Europe, Lycos Europe, MSN Europe, Tiscali, T-Online, Yahoo! Europe und AD Europe (Wanadoo, WEB.DE, Libero). Die wichtigste Zielsetzung der Organisation ist es, den europäischen Werbemarkt zu entwickeln, indem die Bedeutung des Mediums Internet und die Wertschätzung für die Online-Werbung gefördert wird. So soll der Anteil der Online-Werbung am Gesamtwerbemarkt erhöht sowie die Rolle der Online-Werbung im traditionellen Mediageschäft gestärkt werden. Die EIAA nimmt sich dazu relevanter paneuropäischer Themen wie der Werbewirkung, dem Media-Research, neuer Werbeformate, Targeting-Möglichkeiten, der Standardisierung der Reichweitenmessung oder der Formulierung allgemeiner Geschäftsbedingungen im Mediaverkauf an.

IAB (Internet Advertising Bureau)
http://www.iab.net

Das IAB, gegründet im Jahr 1996, zählt zu den führenden industriellen Online-Werbung Verbindungen. Seine Aktivitäten konzentrieren sich auf die Bewertung von Standards und Empfehlungen für die Praxis der Internet-Werbung. Die Organisation setzt sich zusammen aus Firmen, die in diesem Bereich tätig sind, wie America Online, CNET Networks Inc., DoubleClick, MSN, New York Times Digital, Phase2Media, Snowball, Terra Lycos, Walt Disney Internet Group and Yahoo!. Zu den IAB Mitgliedsländern zählen: Belgien, Kanada, Frankreich, Deutschland, Holland, Hong Kong, Italien, Schweiz und Großbritannien. Das Internet Advertising Bureau versucht, im Bereich der Werbemittel Standards zu setzen und den Markt transparenter zu machen. Das IAB ist allerdings keine gesetzlich legitimierte Institution, sondern eine Interessenvertretung der im WWW präsenten Unternehmen, daher sind die beschlossenen Werbemittelformen und -formate nicht bindend. Die Vorschläge des IAB haben jedoch in Anbetracht der genannten bedeutsamen Mitglieder ein hohes Gewicht.

IVW
(Informationsgesellschaft zur Feststellung der Verbreitung von Werbeträgern e.V.)
http://www.ivw.de

Die IVW wurde 1949 als Unterorganisation des kurz zuvor konstituierten Zentralverbandes der deutschen Werbewirtschaft (ZAW) gegründet. Als neutrale Kontrolleinrichtung verfolgt die IVW laut Satzung den Zweck, zur Förderung der Wahrheit und Klarheit der Werbung und damit zur Sicherung eines echten Leistungswettbewerbs vergleichbare und objektiv ermittelte Unterlagen über die Verbreitung von Werbeträgern zu beschaffen und bereitzustellen.

Ursprünglich als Einrichtung zur Auflagenkontrolle von Printmedien geschaffen, wurde der Tätigkeitsbereich der IVW im Laufe der Jahrzehnte auf weitere Medien ausgedehnt, nämlich auf Plakatanschlag und Verkehrsmittelwerbung, Filmtheater, Funkmedien, periodische elektronische Datenträger und Online-Medien, für die jeweils spezielle Richtlinien gelten. Das IVW-Online-Messverfahren ist auch Grundlage für die AGOF-Studie „internet facts“. IVW-Online weist aktuell die Reichweiten von 412 der wichtigsten Werbeträger-Sites aus.

OnlineWerbeplanung – Die Internet-Datenbank für Online-Werber
http://www.onlinewerbeplanung.de
Die Website „OnlineWerbeplanung" wird von der Penton Media GmbH betrieben und stellt einen wesentlichen Anlaufpunkt für alle Werbetreibenden und Vermarkter im Netz dar. Penton bietet Informationen zu einzelnen Werbeträgersites und deren Vermarkter, listet Websites und Newsletter nach Themen, gibt Tipps zum Suchmaschinen-Marketing und informiert über Technologieanbieter. Website-Vermarkter können sich in die Penton-Datenbank aufnehmen lassen. Abfragen sind kostenlos. Kurz gesagt, die Site ist klasse!

OVK (Online-Vermarkterkreis)
http://www.ovk.de
Der 2003 gegründete Online-Vermarkterkreis ist das zentrale Gremium der führenden deutschen Onlinevermarkter und gehört zum Bundesverband Digitale Wirtschaft (BVDW). Ziel des gemeinsamen Auftritts ist es, der Gattung Online-Werbung noch mehr Gewicht im Markt zu verleihen. Der wichtigste Punkt ist dabei die Schaffung einer größeren Markttransparenz durch die Standardisierung von Werbeformaten und die Vereinheitlichung der Reichweitenwährung. Für die Standardisierung von Werbeformaten ist ein eigener Arbeitskreis innerhalb des Online-Vermarkterkreises in Kooperation mit dem IAB zuständig. Mit der Schaffung einer einheitlichen Online-Reichweitenwährung beschäftigt sich die Arbeitsgemeinschaft Online-Forschung (AGOF). Alle Mitglieder des Online-Vermarkterkreises sind auch Mitglieder oder Lizenznehmer der AGOF. Außerdem engagiert sich der Online-Vermarkterkreis in verschiedenen Gremien für die Weiterentwicklung des Online-Werbemarktes. Mitglieder sind: Bauer Media, G+J Electronic Media Sales, GWP online marketing, InteractiveMedia CCSP, Lycos Europe, mobile.de, netpoint media, Quality Channel, SevenOne Interactive, Scout24 Media, Tomorrow Focus, United Internet Media, Yahoo! Deutschland und Yahoo! Search Marketing.

WebXF (Web Excellence Forum e.V.)
http://www.webxf.org
2006 wurde von den deutschen führenden Unternehmen, darunter die DAX-30 Konzerne Deutsche Telecom, RWE, Schering, Siemens, TUI sowie MLP und Degussa das Web Excellence Forum gegründet, um einen einheitlichen Standard zum Qualitätsmanagement von Websites zu definieren. Partner der Kooperation ist die Universität St. Gallen, die die wissenschaftliche Betreuung dieses neuen Controlling-Ansatzes verantwortet. Den Kern des Verfahrens bildet eine auf die Online-Kommunikation zugeschnittene Balance Scorecard. Sie wird durch regelmäßige standardisierte Messungen und Tests ergänzt. Somit kommen aus Sicht der Unternehmen wesentliche Website-Leis-tungsmerkmale fundiert auf den Prüfstand. Das Web Excellence Forum strebt eine Zertifizierung mit Gütesiegel für den deutschsprachigen Raum an.

2. Werbestrategie

Nachdem in den vorangegangenen beiden Kapiteln wesentliche Hintergrundinformationen zur Online-Werbung vermittelt wurden, werden im Weiteren die einzelnen Phasen der Online-Werbeplanung betrachtet. In diesem Kapitel liegt der Focus auf den Planungsphasen

- Statusanalyse
- Festlegen der Werbeziele
- Definieren des Werbebudgets

Statusanalyse

Vor der Konzeption einer jeden Werbekampagne sollte eine umfassende Markt- und Wettbewerbsanalyse durchgeführt werden. *Um sagen zu können, wo man hin will, muss man erst einmal wissen, wo man steht.* Neben allgemeinen Aspekten wie Umsatz und Marktanteil (absolut und finanziell, das heißt, wer verkauft am meisten und wer verdient am meisten?) gilt es, die eigenen bisherigen Werbeaktivitäten nach

- Umfang,
- Werbebotschaft und
- Kommunikationskanal

kritisch zu reflektieren. Selbiges gilt für die Werbeaktivitäten der relevanten Konkurrenz. Hier ist speziell das neue Werbe-Tracking-Tool von Nielsen Media Research **„Nielsen AdAlert"** zu nennen (http://www.nielsen-media.de). Seit Ende 2004 bietet Nielsen mit diesem Tool Marketingabteilungen tagesaktuell Informationen über **Werbekampagnen zum Konkurrenzumfeld** des jeweiligen Unternehmens an. Über E-Mail oder SMS werden die AdAlert-Kunden mit den wichtigsten Schaltungsinformationen über neue Werbemittel benachrichtigt. Ein Online-Tool ermöglicht den Zugriff auf aktuelle Kreationen und werbestatistische Daten. Die Bereitstellung und Auslieferung aller neuen Daten erfolgt bereits ab 8.00 Uhr desselben Tages. Einen Haken hat das ganze jedoch, bislang werden nur die klassischen Medien erfasst! Es sind zwar über 300 der relevanten Tageszeitungen, Publikumszeitschriften, TV- und Radio-Sender, die täglich nach neuen Werbekreationen durchsucht und periodisch aktualisiert werden, aber eben nur die klassischen. Aufgrund der zunehmenden Vernetzung der Werbemedien – Stichwort Cross-Media oder Konvergenz-Werbung – finden sich die meisten Offline-Kampagnen (Motive, Aktionen, Slogan etc.) auch im Internet wieder. Dennoch wäre eine Integration von Online-Werbung in das Nielsen AdAlert-Tool mehr als wünschenswert. Hier zeigt sich mal wieder, dass die alte Online-Offline-Trennung in manchen Köpfen immer noch präsent ist – die intermediale Globalisierung scheint hier noch nicht angekommen zu sein.

Im Weiteren sollte ein **Imagevergleich** zwischen dem eigenen Unternehmen und der Konkurrenz erstellt werden. Dieser kann in Form einer Positionierungsanalyse durchgeführt und grafisch ausgewertet werden. Neben der klassischen Darstellung zweier konträrer Begriffsparameter (zum Beispiel klassisch versus modern oder premium versus discount) in einem Koordinatenkreuz lassen sich auch mehrere Attribute in einem sogenannten „Positionierungsnetz“ darstellen. Die folgenden beiden Abbildungen visualisieren beide Möglichkeiten:

Die zu bewertenden Parameter sind selbstredend vom jeweiligen Unternehmen beziehungsweise dem entsprechenden Markt abhängig und somit situativ different.

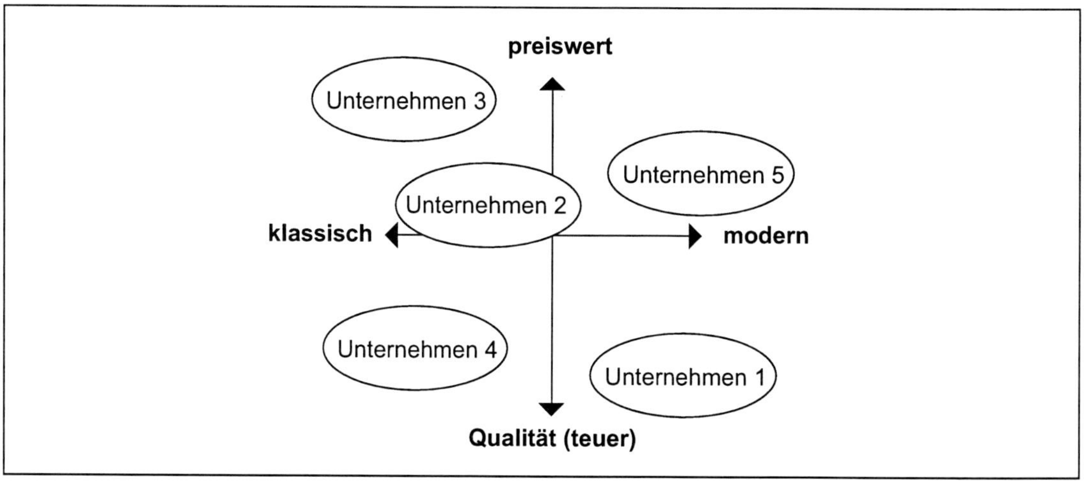

Abbildung 1: Positionierungskreuz

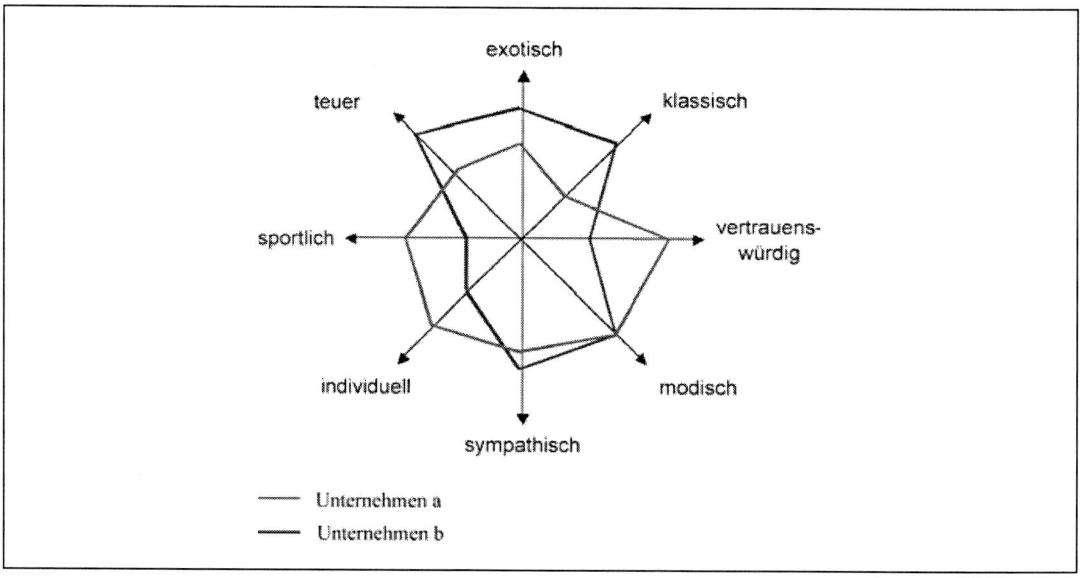

Abbildung 2: Positionierungsnetz

Zur werberelevanten Beurteilung eines abgegrenzten Marktes werden in der Praxis vor allem die beiden Kennzahlen Share of Advertising (SOA) und Share of Voice (SOV) ermittelt beziehungsweise berücksichtigt.

Share of Advertising (SOA)

Der SOA ist eine Kennzahl, die den Marktanteilsgedanken auf die Werbeaufwendungen in einem Markt bezieht. Sie stellt den Werbeanteil einer Marke an den Gesamtaufwendungen des Marktes dar. Der SOA gibt somit Auskunft über die werbliche Position einzelner Wettbewerber im Markt.

Share of Voice (SOV)

Der SOV setzt sich aus den Kennzahlen Reichweite, OTS (opportunity to see) und GRP (Gross Rating Points) zusammen und gibt Auskunft über das in einem Werbemarkt erforderliche Leistungslevel zur Durchsetzung von Kommunikationszielen (Werbedruck). Ein generelles Problem der Online-Werbung besteht darin, dass die genannten Kennzahlen der klassischen Mediaplanung entstammen und sich nicht oder zumindest nur sehr ungenau auf das Internet adaptieren lassen. Da die Werbekontakte im Internet jedoch direkt zählbar sind und nicht wie in den klassischen Werbemedien eine Residualgröße aus Einschaltquoten, Kontakt-wahrscheinlichkeiten und Auflagenzahlen darstellen, ist die mangelnde Übertragbarkeit nicht sehr gewichtig.

Festlegen der Werbeziele

Wurde die Statusanalyse abgeschlossen, werden im Weiteren die Werbeziele festgelegt. Generell unterscheidet man in Anlehnung an *Kroeber-Riel* die folgenden drei Werbe- beziehungsweise Kommunikationsziele:

- Aktualität
- Information
- Emotionalität

Aktualität:

Aktualität meint, Bekanntheit zu erzielen – unabhängig von Marken- oder Produkteigenschaften, um in das Awareness Set (Produktbekanntheit in der Kaufsituation) der Konsumenten zu gelangen. Dieses Werbeziel wird von Unternehmen meist zum Zeitpunkt des Markteintritts verfolgt, wenn das Ziel nur darin besteht, Bekanntheit zu erzielen. Bekanntheit lässt sich durch eine hohe Präsenz an den Customer Touch Points (CTP) und speziell dem Point of Sale (POS) erzielen. Mit der Strategie der Aktualität versuchen die Werbetreibenden, direkt über das Awareness Set in das Evoked Set (begrenzte Anzahl kaufrelevanter Alternativen) der Konsumenten zu gelangen. Das Awareness Set ist die Vorstufe zum Evoked Set, das auch Relevant Set genannt wird. Die „Set-Theorie" ist mittlerweile weit verbreitet.

Information:

Bei diesem Werbeziel sollen dem Konsumenten spezifische Produkteigenschaften und Produktvorteile oder auch nur ein lukrativer Preis vermittelt werden.

Emotionalität:

Diesem Werbeziel liegt die Erkenntnis zugrunde, dass Produkte nicht nur einen Gebrauchswert besitzen, sondern sich darüber hinaus mit gefühlsmäßigen Bedeutungsinhalten belegen lassen. Vor dem Hintergrund der steigenden Produkt- und

Qualitätshomogenisierung lassen sich Präferenzen und höhere Preisspielräume meist nur durch den Aufbau von Images erzielen. Die erzielten Images dürfen dabei nicht austauschbar, beliebig oder profillos bleiben. Markenimages müssen konsistent aufgebaut werden! Es muss klar sein, wofür sie stehen und wofür der Kunde bei einem Qualitätspatt mehr bezahlt. Nur so kann eine Marke die Kundenwünsche

- Selbstdarstellung,
- Imagetransfer,
- Identifikation und
- Erzielung einer sozial distanzierenden Wirkung

erfüllen.

Nach der Marketingpsychologie gilt nicht die objektive Beschaffenheit eines Produkts, sondern einzig die **subjektive Wahrnehmung** durch den Konsumenten. Images lassen sich somit als subjektive Verbrauchervorstellung beschreiben (beispielsweise Fitness-Joghurts).

Realisiert wird die Emotionalisierung von Produkten in der Praxis durch die auf Ivan Petrovic Pavlov zurückgehende Sozialtechnik der Emotionalen Konditionierung. Der **Emotionalen Konditionierung** liegt dabei folgende These zugrunde: Wird ein neutraler Reiz (Produkt/Marke) wiederholt und gleichzeitig mit einem emotionalen Reiz dargeboten, dann erhält auch der neutrale Reiz nach einiger Zeit die Fähigkeit, den emotionalen Reiz hervorzurufen. Untersuchungen ergaben, dass erste messbare Konditionierungseffekte bereits nach acht Wiederholungen auftreten, für eine langfristige Assoziation bedarf es etwa zwanzig Wiederholungen.

Im Produktmarketing wird generell zwischen **„Needs“** und **„Wants“** unterschieden. Needs sind Produkte, die Grundbedürfnisse befriedigen, wie zum Beispiel Nahrungsmittel (vorwiegend Discount-Kauf). Wants hingegen sind Produkte, die nicht zwingend benötigt werden, mit denen sich die Konsumenten jedoch verwöhnen und in die Welt der Wünsche begeben (beispielsweise ein erotisches Designer-Parfum). Emotionalisierung ist das zentrale Element der Generierung erfolgreicher (weil begehrenswerter) Wants.

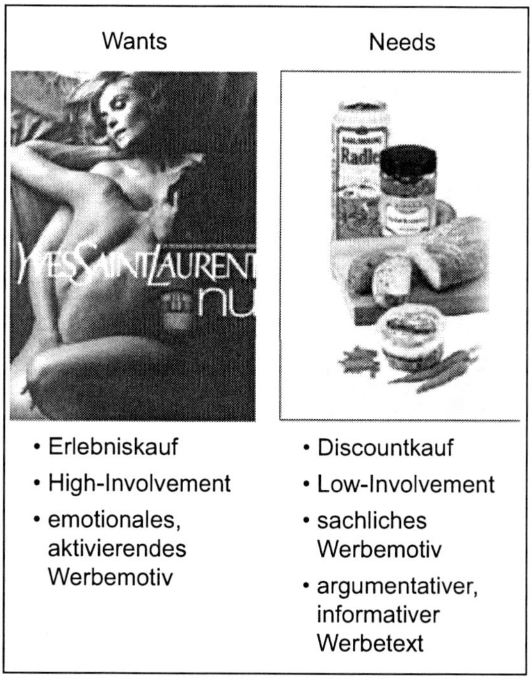

Abbildung 3: Differenzierung zwischen Wants und Needs

Abbildung 3 verdeutlicht, dass hier kein Parfum verkauft wird, sondern Sex pur, und den Orgasmus gibt es gleich mit dazu, *Harry and Sally* lassen grüßen.

Selbstredend ist es möglich, die Werbeziele nach *Kroeber-Riel* zu kombinieren:

- Appelliere an ein bestehendes Bedürfnis und
- informiere über die Eigenschaften des Angebots, die in der Lage sind, dieses Bedürfnis zu befriedigen.

Neben den genannten Kommunikationszielen sind weitere internetspezifische Zielsetzungen wie die Generierung von Traffic auf der eigenen Website (sogenannte Visits), das Tätigen einer Reservierung oder das Hinterlassen der Kontaktdaten für spätere Informationen (Generieren von Leads) zu nennen. Der Verkauf selber ist ein Unternehmens-, aber kein Werbeziel. In der Werbung gilt es, den Verkaufswunsch zu „übersetzen", um Sympathie zu erzielen. Alle genannten Werbe- beziehungsweise Kommunikationsziele dienen der Absatzförderung, sie bedürfen jedoch einer gewissen Wirkungszeit.

Definieren des Werbebudgets

Die Budgetdiskussion stellt in der Praxis den größten Unsicherheitsfaktor dar und besitzt in der gesamten Mediaplanung einen stark beeinflussenden Charakter. Die Entscheidung über die Höhe und Streuung eines Werbebudgets ist streng genommen simultan zu treffen, da jedes Werbebudget theoretisch mit einem exakt definierten Spektrum werblicher Maßnahmen korrespondiert. Faktisch bedient man sich hier jedoch der **Sukzessivplanung.** Die Mediaplanung ist somit als Folgeentscheidung der Budgetfestlegung zu sehen. In der Praxis wird ebenfalls so gearbeitet, nur in Sonderfällen wird das verfügbare Budget korrigiert.

Bei der Festlegung des Werbeetats wird in einer ersten Planungsstufe nach **Produktgruppen** oder **Sparten** und in einer zweiten nach **einzelnen Produkten** unterschieden. Es wird hier die zweite Planungsstufe vorausgesetzt. Bevor man sich nun mit den Budgetplanungsmethoden befasst, sollte die Stellung des Produktes im Marktzyklus analysiert werden, da in der Praxis ein stark negatives Verhältnis zwischen Umsatzvolumen und Werbeaufwand zu beobachten ist. Der Marktzyklus ist Teil des Produktlebenszyklus und beschreibt die schematische zeitliche Entwicklung des Umsatzvolumens eines Produktes von der Markteinführung bis zur Entnahme des Produktes vom Markt. Die nachstehende Abbildung 4 stellt das Verhältnis zwischen Werbeaufwand und Umsatz zeitlich dar.

Zum Zeitpunkt der Markteinführung ist das Produkt noch unbekannt. Es muss daher mit erhöhten Werbeaufwendungen gefördert oder „angeschoben" (gepusht) werden. Ist das Produkt bereits bekannt und erfolgreich, können die Werbeausgaben reduziert werden. Mit der Degressionsphase steigen sie wieder an, um eben diese zu verhindern oder den Abverkauf der letzten Produkte zu sichern. Die gleichen Produktphasen finden sich in der vielfach verwandten „Portfolio-Analyse" nach der Bosten Consulting Group wieder.

In der Praxis findet sich eine Fülle von Methoden und Verfahren zur Festlegung des Werbeetats. Diese reicht von simplen heuristischen Ansätzen bis zu komplexen modellgestützten Methoden. Im Folgenden werden die wichtigsten kurz genannt und erläutert.

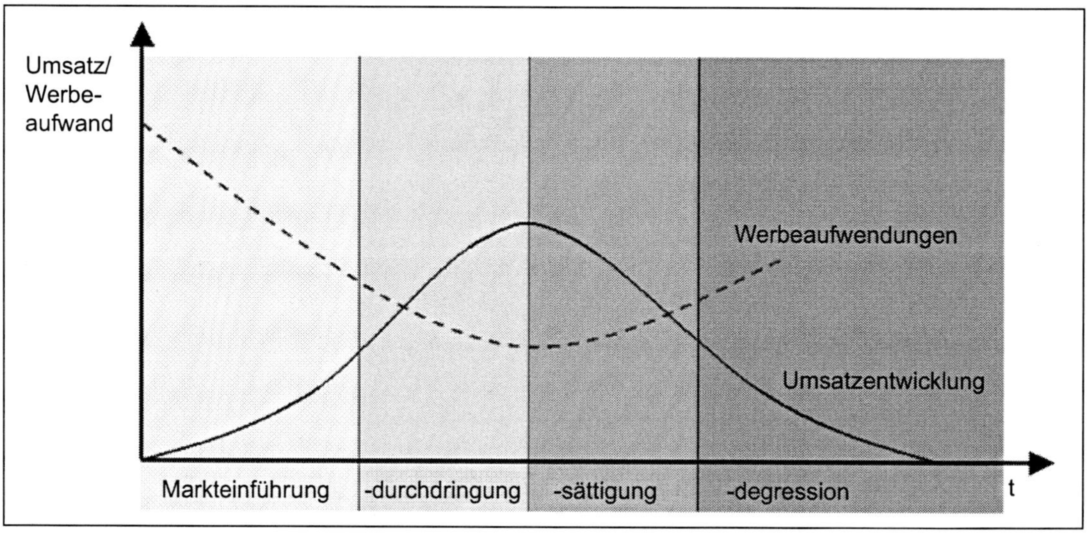

Abbildung 4: Werbeaufwendungen im Marktzyklus

A) Ökonomische Kennziffern als Bezugsgrößen:

- Prozent vom Umsatz-Methode: Ein bestimmter Prozentsatz des Umsatzes wird in Werbemaßnahmen investiert. Hier ist ein strategisches Gleichgewicht der einzelnen Produkte in den jeweiligen Marktphasen vonnöten.
- Prozent vom Gewinn-Methode: Analog zu Prozent vom Umsatz
- Prozent vom Deckungsbeitrag-Methode: Analog zu Prozent vom Umsatz
- Werbeaufwand je Stück (Produkt): Fixe Werbesumme pro produzierter Einheit. Der Werbeetat ist somit ausbringungsmengenabhängig. Nachteil ist, dass die in Abbildung 4 aufgezeigte Abhängigkeit vernachlässigt wird.
- Prozent von den Herstellkosten-Methode: Hier werden in der Herstellung teurere Produkte stärker beworben. Die Position des Produktes im Marktzyklus wird ebenfalls nicht berücksichtigt.
- Prozent der Gesamt-Geschäftsausgaben: Die Gesamt-Geschäftsausgaben stehen in einem „sehr indirekten" Verhältnis zu den strategisch notwendigen Werbeaufwendungen.
- Vorjahresetat inklusive Zuwachs: Bei dieser Methode besteht die Gefahr, alte Fehler fortzuschreiben.

B) Das Werbeverhalten der Konkurrenz als Bezugsgröße:

- Wettbewerbs-Paritäts-Methode: Der eigene zukünftige Werbeetat orientiert sich an den prognostizierten oder durchschnittlichen vergangenheitsbezogenen Werbebudgets vergleichbarer Konkurrenten. Die individuelle Situation des eigenen Unternehmens wird bei dieser Methode nicht berücksichtigt. Des Weiteren besteht auch hier die Gefahr, Fehler zu übernehmen.
- Werbeanteil-Marktanteil-Methode (share of advertising): Diese Methode ist auch als Werbeanteil je Marktanteilspunkt bekannt. Das Verhältnis von

eigenen Werbeausgaben zu den Gesamt-Werbeausgaben des Marktes sollte dem eigenen Marktanteil entsprechen.

- Konkurrenzbezogener Ansatz zur Werbeetatbestimmung: Hier wird in einem ersten Schritt die Werbeproduktivität „e“ aus vergangenheitsbezogenen Daten ermittelt:
e = Wu/Uu:Wk/Uk (Wu = Werbeausgaben der eigenen Unternehmung, Uu = Umsatz der eigenen Unternehmung, Wk = Werbeausgaben der Konkurrenten, Uk = Umsatz der Konkurrenten.)

Setzt man „e“ nun als konstant, so ergibt sich in einem zweiten Schritt Wu aus dem angestrebten Verhältnis von Uu zu Uk sowie den zukünftigen Werbeausgaben der Konkurrenz Wk. Der Nachteil besteht darin, dass alle zukünftigen Parameter geschätzt werden müssen und auf dieser (ungewissen) Basis dann die Berechnung von Wu erfolgt.

C) Verfügbare liquide Mittel als Bezugsgröße

- All-you-can-afford-Methode: Die Höhe des Werbeetats richtet sich nach der momentanen individuellen Finanzlage des Unternehmens (was man sich leisten kann).
- Restwertmethode: Das Werbebudget ergibt sich bei dieser Methode als Residualgröße nach Abzug aller anderen Marketingmaßnahmen der Periode.

D) Zu verfolgende Werbeziele als Bezugsgröße:

- Objektive and task-Methode: Diese Methode wird auch Ziel-Mittel- oder Ziel-Aufgaben-Methode genannt. Die Höhe des Werbeetats orientiert sich hier an den angestrebten Werbezielen. Sollten diese sich als nicht finanzierbar erweisen, werden sie in einem Rückkopplungsprozess korrigiert.

E) Weitere Methoden:

- Neben den vorstehend aufgeführten marginalanalytischen Optimierungsansätzen gibt es noch multiple Regressionsansätze sowie dynamische Responsefunktionen zur Festlegung des Werbeetats, die hier jedoch nicht weiter ausgeführt werden. Es wird auf die einschlägige Fachliteratur verwiesen.

Fazit

Welche Methode zur Werbeetatbestimmung nun zur Anwendung kommt, ist von der individuellen Situation des Werbetreibenden, von seinen Präferenzen sowie von seinen Erfahrungen abhängig. Nach Meinung der Verfasser wäre eine Kombination der Methoden Werbeanteil-Marktanteil-Methode, All-you-can-afford-Methode und Ziel-Mittel-Methode empfehlenswert. Die Werbeanteil-Marktanteil-Methode gibt Auskunft darüber, wie sich der relevante Markt im Bezug auf Wachstum und Konkurrenzintensivierung entwickelt. Darüber hinaus berücksichtigt sie die Werbeetatentscheidungen mehrerer Unternehmen und nivelliert so Ausreißer. Die All-you-can-afford-Methode berücksichtigt die individuelle Finanzsituation des Einzelnen und schützt damit vor finanziellen Überlastungen. Die Ziel-Mittel-Methode berücksichtigt die strategischen Kommunikationsziele und stellt diese bei Nichtfinanzierbarkeit in Frage. Hierdurch kann die kommunikative Effizienz der Kampagne verbessert werden.

Da das Internet aufgrund seiner Interaktivität jedoch als **„gläsernes Medium“** zu beschreiben ist, lässt sich das notwendige Werbebudget zur Erreichung bestimmter Werbeziele in einigen Fällen auch **direkt bestimmen!**

Hierzu ein Beispiel:

Unternehmen X zählt derzeit auf seiner Website 10.000 externe Zugriffe (sogenannte Visits) pro Monat. Auf der Website werden in einem Monat 50 Produkte verkauft. Besteht das Werbeziel nun darin, den Umsatz um 50 Prozent auf 75 Produkte pro Monat zu steigern und unterstellt man eine gewisse Linearität, so müsste zur Erreichung des Werbeziels die Anzahl der monatlichen Visits ebenfalls um 50 Prozent auf 15.000 erhöht werden. Klickt ein Nutzer auf ein Werbemittel, so wird er über den entsprechenden Hyperlink des Werbemittels direkt auf die Website des Werbetreibenden geführt. Ein Klick auf ein Werbemittel (= AdClick) führt auf der Website des Werbetreibenden somit zu einem externen Zugriff (= Visit). Zur Erreichung des genannten Werbeziels werden folglich 5.000 AdClicks benötigt. Es gibt nun Kampagnen-Modelle, die den direkten Einkauf von AdClicks ermöglichen. In diesem Fall würde das Werbemittel so oft eingeblendet werden (Werbemitteleinblendung = AdImpression), bis die 5.000 Klicks erzielt sind. In diesem Modell ist der Preis für einen AdClick auf der gewünschten Werbeträgersite zu erfragen und mit 5.000 zu multiplizieren. Aufgrund der bekannten Gewinnsituation durch den Verkauf von 25 zusätzlichen Produkten kann das Unternehmen entscheiden, ob die Kampagne wirtschaftlich ist.

In der Regel werden jedoch keine AdClicks, sondern AdImpressions (Werbemitteleinblendungen) eingekauft. Da jedoch nicht jeder Nutzer, der ein Werbemittel sieht, es auch anklickt, bleibt die Frage, wie viele AdImpressions werden benötigt, um 5.000 AdClicks zu erzielen? Die Antwort heißt Click-Through-Rate (CTR). Die CTR gibt prozentual an, wie viele Nutzer, die ein Werbemittel gesehen haben, es angeklickt haben. Da man derzeit eine durchschnittliche CTR von 0,5 Prozent unterstellen kann, würden folglich 1.000.000 AdImpressions zur Zielerreichung benötigt werden. Der Preis pro AdImpression ist ebenfalls bei den Werbeträgersites beziehungsweise den Vermarktern zu erfragen.

Zu dem genannten Beispiel sei jedoch darauf hingewiesen, dass sich für den beschriebenen Fall speziell die Ermittlung der Conversionrate und eine Abrechnung über ein „Cost per Sale-Modell“ anbieten würde. Um jedoch nicht zu sehr vorzugreifen und die Struktur dieses Leitfadens einzuhalten, werden die weiteren Möglichkeiten unter den Buchungs- und Abrechnungsmodellen im Kapitel 5 beschrieben.

Es lässt sich jedoch festhalten, dass das Internet dem Werbenden die Möglichkeit bietet, die Höhe des Werbebudgets direkt aus den Werbezielen abzuleiten – zumindest, wenn die Werbeziele über internetspezifische Leistungskennzahlen messbar sind. Sollten sich die Werbeziele als nicht-finanzierbar herausstellen, so sind sie entgegen der beschriebenen sukzessiven Vorgehensweise der Mediaplanung in einem Rückkopplungsprozess zu korrigieren.

3. Werbemittel

Das folgende Kapitel beschäftigt sich umfassend mit den zu schaltenden Werbemitteln. Es erfolgt dabei eine Unterteilung in:

- Werbemittelausprägungen
- Werbemittelkreation
- Werbemittelselektion

Werbemittelausprägungen

In der Einleitung wurde bereits erwähnt, dass das Gros der Online-Werbeaufwendungen nach wie vor auf die klassische Banner-Werbung entfällt.

Banner

Es gibt jedoch nicht nur das eine Banner, sondern eine Vielzahl unterschiedlichster Banner. Um die Banner-Vielfalt für den Leser zu strukturieren, bietet sich eine grundsätzliche Unterteilung nach den Kriterien Format (Abmessung in Pixeln) und Funktionalität an. Abbildung 5 verdeutlicht dieses.

Das **Format** beschreibt die äußeren Abmessungen eines Banners in Pixel (Pixel = Bildpunkt = kleinstes Element eines digitalen Bildes). Das Standard-Banner ist das sogenannte Voll-Banner mit dem Format 468 × 60 Pixel (Länge × Breite). Die Formate Halb-Banner, Drittel-Banner etc. leiten sich aus dem Voll-Banner ab. Die Breite

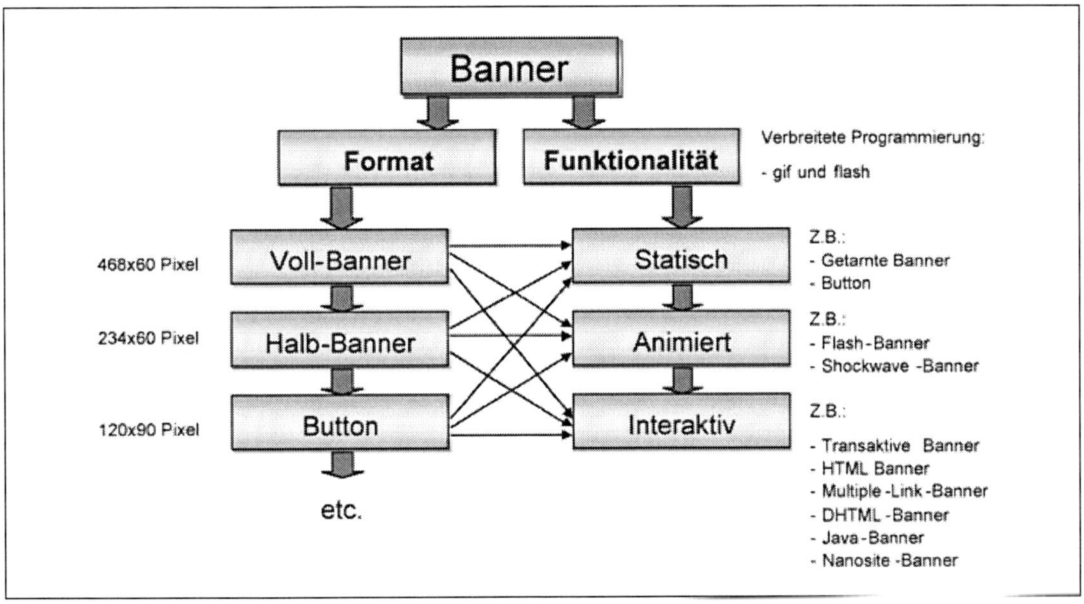

Abbildung 5: Klassifizierung von Bannern

beträgt jedoch immer 60 Pixel. Es wird nur die Länge variiert. Ein Halb-Banner hat somit das Format 234 × 60 Pixel usw. (siehe Abbildung 6). Das größte Banner ist derzeit das Big-Size-Banner, auch Leaderboard genannt, mit Abmessungen von 728 × 90 Pixel. Eine Interessenvertretung gewichtiger Online-Unternehmen (beispielsweise Double Click, MSN, Terra Lycos, Yahoo!), das sogenannte IAB (Internet Advertising Bureau), prüft permanent die Formate von Online-Werbemitteln, streicht unlukrative und gibt Vorschläge für neue Formate heraus. Die aktuellen Formate werden auf der Internetsite „http://www.iab.net" gelistet. Es wird jedoch darauf hingewiesen, dass die Formate des IAB aufgrund fehlender gesetzlicher Legitimationen lediglich Vorschläge sind, die von der Internet-Branche jedoch angenommen werden. Die Internet-Branche hat ein berechtigtes Eigeninteresse an einer möglichst flächendeckenden Standardisierung der Werbemittel, weil sich Online-Werbemittel in der Regel in das Seitenlayout einer Website integrieren lassen müssen (analog zur klassischen Anzeigenwerbung). Durch die Formatstandardisierung lassen sich Werbemittel seitenübergreifend schalten, was die Kosten der Werbemittelproduktion senkt und die Attraktivität des Internets als Werbemedium steigert, woran alle, die Werbenden wie auch die Vermarkter von Werbeplätzen, ein Interesse haben.

Nach der Funktionalität unterscheidet man drei Arten von Bannern:

1. Statische Banner
2. Animierte Banner
3. Interaktive Banner

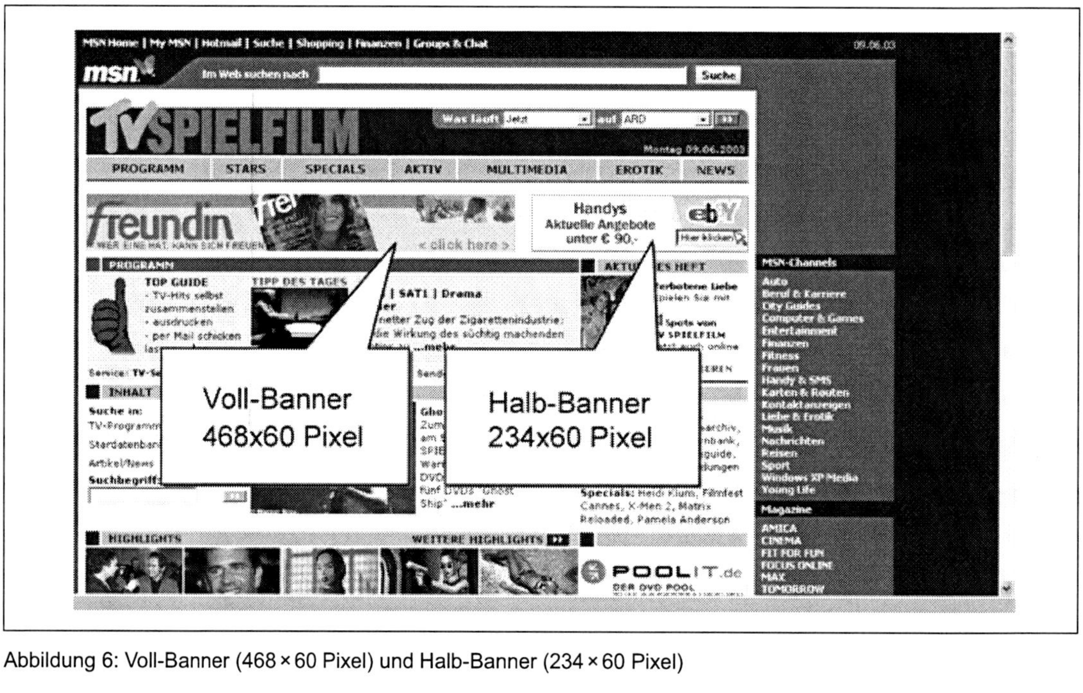

Abbildung 6: Voll-Banner (468 × 60 Pixel) und Halb-Banner (234 × 60 Pixel)

Zu 1) Statische Banner:

Statische Banner sind mit einer klassischen Werbeanzeige vergleichbar, die über einen Hyperlink verfügt. Sie werden in der Regel in dem Grafik-Format Gif erstellt. Statische Banner erzielen in Analogie zur klassischen Anzeige ihre Aufmerksamkeit ausschließlich über das Werbemotiv. Spätestens seit Animationsprogrammen wie Flash oder Shockwave gehören die statischen Banner in der Regel der Vergangenheit an. Die folgende Abbildung 7 zeigt ein statisches Banner.

Abbildung 7: Statisches Banner (468 × 60 Pixel/Gif.)

Um die AdClicks zu erhöhen beziehungsweise die Click-Through-Rates zu steigern, werden von einigen Werbenden sogenannte **Fake-Banner** eingesetzt. Bei Fake-Bannern handelt es sich um Banner, die entweder nicht als Werbung zu erkennen sind, oder den Nutzer mit vorgetäuschten Funktionsumfängen ködern. Die folgende Abbildung 8 zeigt zwei Beispiele von Fake-Bannern.

Im ersten Fall wird der Nutzer mit einem teilweise verdeckten Bildmotiv und einem Scrollbar gelockt. Versucht er nun, mit seinem gelernten Navigationsverhalten den Scrollbar zu verschieben, um sich das Werbemotiv anschauen zu können, gelangt er mit dem Klick auf den Scrollbar automatisch auf die Website des Werbetreibenden. Diese Navigation hat der Nutzer jedoch nicht beabsichtigt. Der Nutzer wird hier eindeutig getäuscht und ist entsprechend verärgert.

Selbiges im zweiten Beispiel. Hier wird dem Nutzer eine Systemmeldung vorgegaukelt, die ihm einen Wechsel des Tarifs seiner Internetverbindung ankündigt. Durch diverse Gerüchte über Dialer-Programme etc. ist der Nutzer entsprechend verunsichert und klickt auf „abbrechen“. Sie ahnen es vermutlich bereits. Richtig, der Button ist selbstverständlich ohne jegliche Funktion (hätte man sich ja auch denken können!). Die ganze Systemmeldung ist eine Fälschung. Wie im ersten Fall wird der Nutzer mit seinem Klick auf das Werbemittel mit der Werbeträgersite verbunden. *Toll, wir sind begeistert ...*

Abbildung 8: Fake-Banner (468 × 60 Pixel/Gif. und 234 × 60 Pixel Flash)

Diese Werbemittel mögen gute Klickraten erzielen, man sollte sich jedoch die Frage stellen, zu welchem Preis?

> Fake-Banner sind unseriös und eindeutig abzulehnen!

Zu 2) Animierte Banner:
Animierte Banner stellen prinzipiell die zweite Evolutionsstufe der Banner dar. Die Animation dient zwei Aspekten:

- Erstens soll durch den Einsatz realer Bewegung die Aufmerksamkeit des Betrachters nach der Aktivierungstheorie erzielt werden und
- zweitens lässt sich durch Animation die recht begrenzte Gestaltungsfläche eines Banners vervielfachen.

Die einfachste Form der Animation ist es, mehrere statische Gif-Bilder nacheinander zu zeigen. Beim Einsatz von vier Sequenzen würde sich die Gestaltungsfläche eines Banners vervierfachen. Ferner erhält der Werbende mit dieser Technik die Möglichkeit, einen dramaturgischen Spannungsbogen aufzubauen. Es könnte beispielsweise eine Frage gestellt werden, die erst in einer folgenden Sequenz beantwortet wird und damit die Betrachtungsdauer durch den Nutzer erhöht.

Heutzutage wird zur Realisierung von Animationen im Internet jedoch meist das Grafikformat Flash eingesetzt. Flash (Produkt der Firma Macromedia) gilt zur Zeit als Standard für vektor-basierende Grafiken im Internet. Flash ermöglicht Überblendeffekte, das Bewegen oder „Einfliegen" von Text- und Bildelementen sowie die Integration von Bewegbildern und Sounds. Ein weiteres Produkt von Macromedia ist Shockwave. Shockwave arbeitet wie Flash vektor-basiert und bietet in der aktuellen Version sogar die Möglichkeit, Objekte dreidimensional anzuzeigen. Möglich ist es auch, das von Apple entwickelte QuickTime-Format für die Realisierung von Bewegbildern einzusetzen.

Die folgende Abbildung 9 zeigt ein Halb-Banner mit vier Sequenzen im Flash-Format. Die Übergänge wurden fließend realisiert und die Texte nacheinander eingeblendet und bewegt. Diese Effekte lassen sich mit Screenshots jedoch nicht darstellen, weshalb hier das Vorstellungsvermögen des Lesers gefragt ist, auf das wir jedoch vertrauen.

Dieses Beispiel soll kurz näher betrachtet werden, weil es als sehr gelungen anzusehen ist. Eröffnet wird die Werbesequenz mit einer farbfrohen Kinderabbildung, die nach dem Kindchenschema (der/die süße Kleine) die Aufmerksamkeit des Betrachters weckt. Hätte man beispielsweise gleich zu Beginn der Werbesequenz das Produkt abgebildet, so wäre die Aufmerksamkeit geringer ausgefallen. Ferner wird die Werbeidee, eine Parallele zwischen der Kaugummiblase des Kindes und den Airbags des beworbenen Fahrzeugs zu ziehen, als sehr gelungen angesehen, die den Betrachter zum Schmunzeln bringt und Sympathien für die Marke weckt.

Zur Generierung von Aufmerksamkeit bietet sich nun neben der beschriebenen Möglichkeit, den Inhalt eines Banners zu animieren beziehungsweise zu bewegen, die Möglichkeit an, das Banner selbst zu bewegen. Hier haben sich im Internet speziell zwei Werbemittel etabliert: **Flying-Banner** und **Mouse-Move-Banner.**

Flying-Banner bewegen sich beim Aufbau einer Website über die gesamte Site, um dann an einem vordefinierten Platz zu verharren. Mouse-Move-Banner hingegen bewegen sich immer analog zum Mouse-Zeiger über eine Website. Wird die PC-Mouse bewegt, bewegt sich das Banner. Diese Werbeformen gelten als sehr aufmerksamkeitsstark.

Zu 3) Interaktive Banner:

Interaktive Banner stellen die höchste Evolutionsstufe der Banner dar. Interaktive Banner zeichnen sich dadurch aus, dass sie dem Nutzer die Möglichkeit bieten, Aktionen innerhalb des Werbemittels auszuführen. Die verbreitetsten Funktionsumfänge sind:

- Integrieren von Schaltflächen, Steuerungsknöpfen und Hyperlinks
- Integrieren von Mouse-Over-Funktionen
- Integrieren von Pull-Down-Menüs

Mit der Betätigung von Schaltflächen lassen sich Werbemittel beispielsweise ein- oder ausblenden. Beispiele hierfür wären Rollout-Banner und Curtain-Banner. **Rollout-Banner** sind Voll-Banner (468 × 60 Pixel), die über einen Steuerungsknopf (EXPAND) verfügen. Betätigt der Nutzer diesen Steuerungsknopf, rollt sich das Werbemittel nach unten über den Content (redaktioneller Teil einer Website) aus und verdeckt diesen. Mit dem Ausrollen vervielfacht sich die Gestaltungsfläche des Werbemittels. Klickt der Nutzer erneut auf den Button >EXPAND<, rollt sich das Werbemittel wieder auf das ursprüngliche Format ein. Die Abbildung 10 auf der folgenden Seite zeigt ein Rollout-Banner.

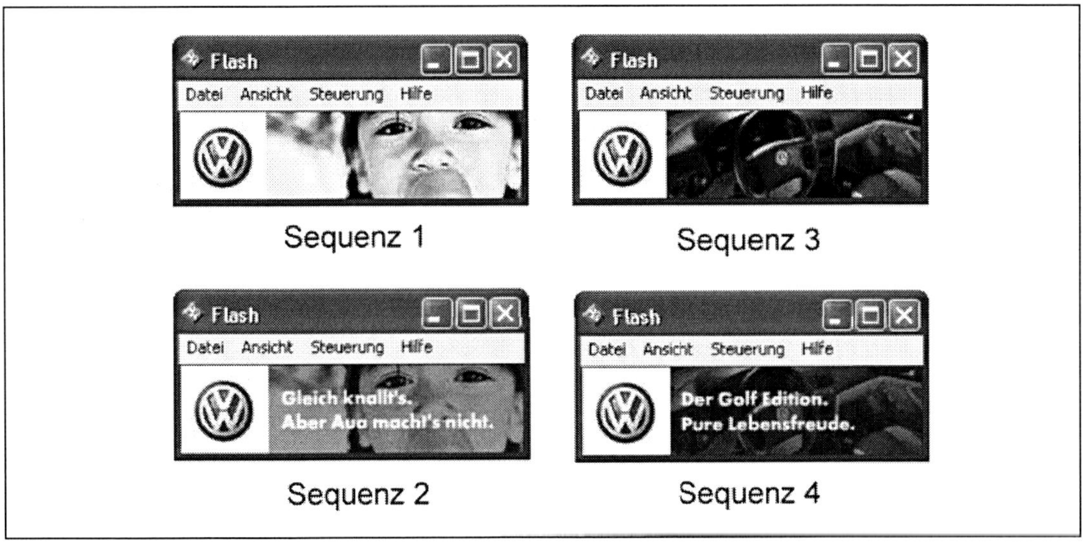

Abbildung 9: Animiertes Halb-Banner (234 × 60 Pixel Flash)

Selbstredend kann der Inhalt des Rollout-Banners animiert werden (sprich die Gestaltungsfläche selber).

Das **Curtain-Banner** (auch Content Ad) wird im Gegensatz zum Rollout-Banner, welches im AdFrame (definierter Werbebereich im Layout einer Website) platziert wird und sich über den Content ausrollt, direkt im Content-Bereich geschaltet, wie auch die weiter hinten beschriebenen Layer-Ads. Dieser feine Unterschied ist sehr gewichtig. Der Nutzer ist an den redaktionellen Inhalten – sprich dem Content einer Website – interessiert und nicht an den Werbeanzeigen im AdFrame. Der Nutzer blendet somit aufgrund des „Reiz-Darwinismus" den AdFrame mitunter gedanklich aus und nimmt die Werbung nicht wahr. Die Werbetreibenden versuchen daher, die Werbung aus dem AdFrame herauszulösen und direkt in den Content-Bereich und somit in das Betrachtungsfeld des Nutzers zu rücken. Ferner bietet sich durch die direkte Integration einer Werbung in den redaktionellen Teil eine bessere inhaltliche Verbindung mit dem beworbenen Produkt sowie eine exaktere Zielgruppenselektion über den thematischen Inhalt eines Artikels. Viele Werbeträgersites geben kalendarische Themenpläne aus, auf denen ersichtlich ist, wann zu welchen Themen redaktionelle Beiträge erscheinen. Somit lässt sich Relevant-Content-Werbung planen.

Mit dem Seitenaufbau rollt sich das Curtain-Banner wie eine Jalousie über den Content aus und bleibt ausgerollt. Das Werbemittel verfügt über

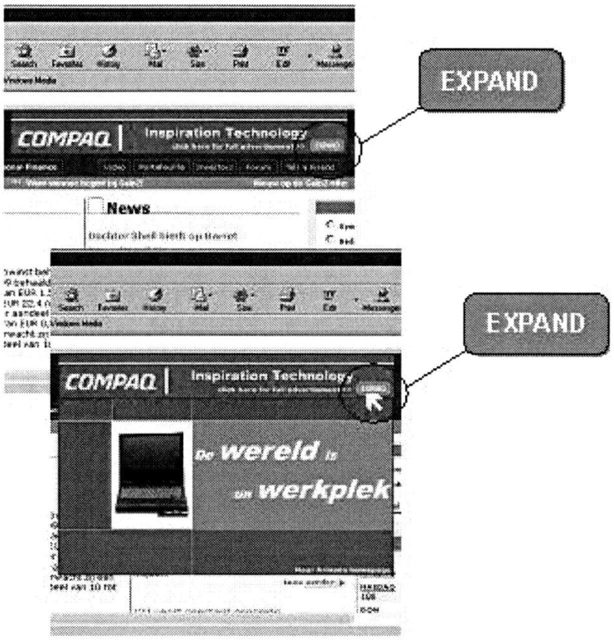

Abbildung 10: Rollout-Banner

einen Steuerungsknopf. Wird dieser betätigt, rollt sich das Werbemittel bis auf den Steuerknopf ein, dieser bleibt immer sichtbar. Klickt der Betrachter erneut auf den Button, rollt sich das Werbemittel wieder aus. Ferner können mit der Integration von Schaltflächen beispielsweise Bilder und Grafiken gesteuert werden (zum Beispiel Steuern einer 360°-Ansicht).

Das Content Ad ist von der Content Integration zu unterscheiden. Bei der Content Integration handelt es sich um eine Werbung im Content-Frame, die nicht sofort als Werbung zu erkennen ist. Die Werbung erzeugt eher einen redaktionellen Eindruck.

Möglich ist es auch, Hyperlinks zu anderen Websites im Werbemittel zu integrieren. Die neuen Websites öffnen sich jedoch innerhalb des Werbebanners. Auf diese Weise lassen sich ganze Online-Shops innerhalb eines Werbebanners realisieren. Mit dieser Möglichkeit geht der Werbende mit seinen Produkten zum Kunden und holt ihn nicht aus den Weiten des Netzes auf seine Site. Der Nutzer kann in dem Werbemittel agieren, ohne die Werbeträgersite verlassen zu müssen. Ein Werbemittel, das diesen Funktionsumfang bietet, ist das Nanosite-Banner. Nachfolgend wird ein Beispiel gezeigt, in dem die E-Mail-Funktion zur Generierung von Leads in ein Nanosite-Banner integriert wurde (vergleiche Abbildung 11).

Mit der Integration von Mouse-Over-Funktionen lassen sich durch das bloße Führen des Mouse-Zeigers über das Banner Funktionen auslösen (beispielsweise 360°-Ansichten, Bildwechsel, Überblendungen etc.). Schöne Beispiele hierzu stellen die Werbemittel Transactive-Banner und

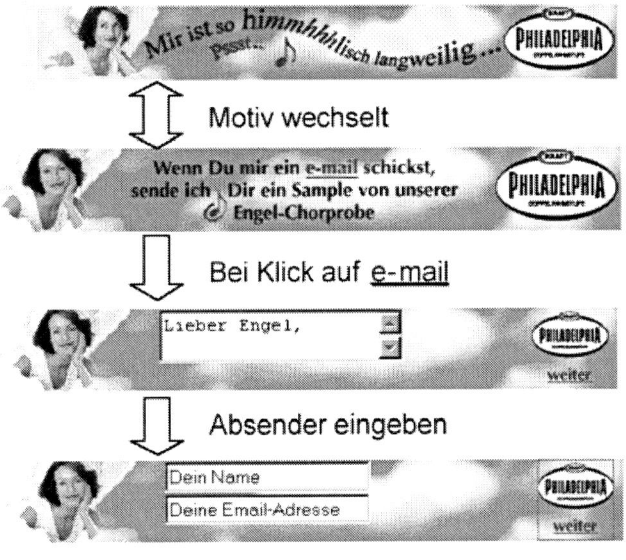

Abbildung 11: Nanosite-Banner mit E-Mail-Funktion (468 × 60 Pixel)

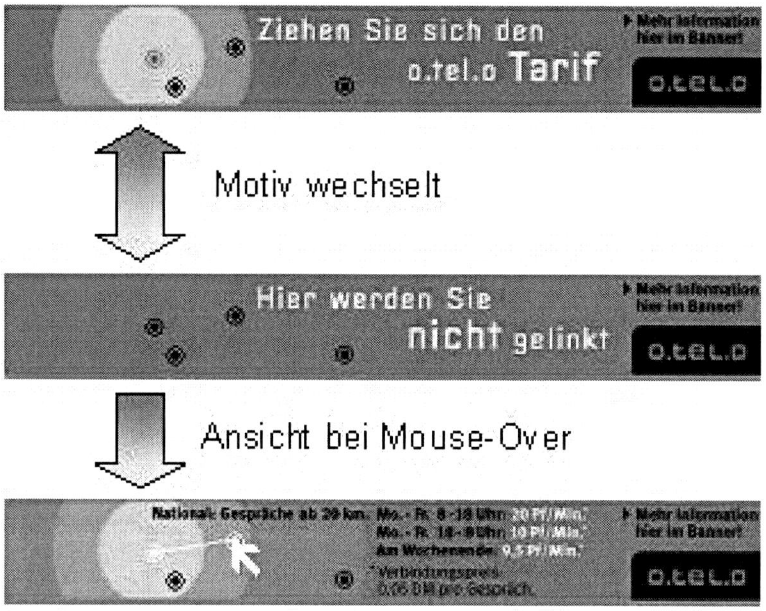

Abbildung 12: Transactive-Banner (468 × 60 Pixel)

Abbildung 13: Scratch-Banner (468 × 60 Pixel)

Scratch-Banner dar. Die Abbildungen 12 und 13 zeigen je ein Praxisbeispiel.

Beim gezeigten **Transactive-Banner** (Abbildung 12) eines Telefonanbieters hat der Nutzer die Möglichkeit, sich durch das Führen der Mouse über das Banner über die Telefontarife nach den Klassen regional, national und international zu informieren. Im gezeigten Screenshot ruft der Nutzer die mittlere Distanz „national" auf und bekommt die entsprechenden Preise angezeigt.

Bei dem **Scratch-Banner** (Abbildung 13) handelt es sich um ein Werbemittel, das vom klassischen Rubbellos abgeleitet wurde und an die Neugier und den Spieltrieb des Betrachters appelliert. Ein Teil des Bildes wird durch eine graue Fläche verdeckt. Der Nutzer kann diesen Bereich des Werbemittels mit der Mouse „freikratzen". Durch diese starke Einbindung des Nutzers wird ein Low-Involvement-Werbekontakt zu einem High-Involvement-Werbekontakt.

Die Integration von Pull-Down-Menüs in Werbebanner bieten dem Nutzer einen echten informativen Mehrwert! Der Nutzer kann sich über Börsenkurse, Preise etc. informieren. Ein verbreitetes Werbemittel mit dieser Funktionalität ist das **HTML-Banner.** Anders als die statischen oder animierten Banner besteht das „Hyper Text Markup Language (HTML)-Banner" nicht aus einer Grafik, sondern aus einer Reihe von HTML-Befehlen, die in den Quellcode der Werbeträgerseite integriert werden. Dadurch ermöglicht es die Integration von interaktiven Funktionen, wie zum Beispiel Pull-down-Menüs (vgl. Abbildung 14) oder Auswahlboxen. Wenn nötig, kann das Banner auch um animierte grafische Bestandteile ergänzt werden. Das HTML-Banner ist weitverbreitet, weil es von den meisten Browsern ohne spezielles Plug-in dargestellt werden kann.

Im gezeigten Beispiel kann sich der Nutzer aus einem Pull-down-Menü ein Flugziel auswählen und bekommt in einer Live-Abfrage die Flugzeiten angezeigt.

Eine weitere Möglichkeit ist der Einsatz von DHTML-Bannern (DHTML = Dynamic HTML). DHTML ist keine klassische Weiterentwicklung von HTML in Gestalt neuer TAG´s und auch keine neue Sprache, sondern eine Kombination aus mehreren vorhandenen Techniken wie HTML, Cascading Style Sheets, Scripting und objektorientierter Programmierung. DHTML bietet die Möglichkeit, die Darstellung einer Website nach dem Aufruf dynamisch zu verändern. In der Praxis könnte das so aussehen: Ein Bildelement bewegt sich am Rand der Website hin und her, oder aus einem Banner kommt ein Auto, das im Anschluss kreuz und quer über die Website fährt. Beim Einsatz von DHTML ist darauf zu achten, dass die Bildschirmgröße des Users bekannt ist und die Auflösung mindestens 800×600 Pixel beträgt. Abbildung 15 zeigt eine DHTML-Werbung, bei der ein Banner aufmerksamkeitsstark von einem Flugzeug quer über den Content-Frame einer Werbeträgersite gezogen wird.

Beim **Java-Banner** wird im Hintergrund ein kleines „Mini-Programm" geladen, das Java-Applet. Java bezeichnet hierbei die Programmiersprache und der Begriff Applet steht für kleine Programmstücke, die beim Laden der Seite von

Java-aktivierten Browsern ohne zusätzliches Plug-in ausgeführt werden können. Dadurch werden die grafischen Elemente des Banners zusammengefügt. Mittels Java können sogar Spiele oder e-Shop-Funktionen in den Banner integriert werden. Nachteilig sind die teilweise langen Wartezeiten für das Laden der Applets, die in der Regel zwischen einem Datenvolumen von 20 und 200 KiloByte betragen können. Durch die Größenbeschränkungen der Werbeträger werden die Gestaltungsmöglichkeiten eingeschränkt. Ferner ist zu erwähnen, dass die als Java-Applet ausgelieferten Multimediaelemente wie Sound oder Video vom selben AdServer kommen müssen, was bei Kampagnen zu Kapazitätsengpässen führen kann.

Als **Rich-Media-Banner** werden generell Werbemittel bezeichnet, die Bewegbilder und/oder Sound enthalten und damit über die bloße Abfolge von statischen Gif-Bildern hinausgehen. Java-Banner sind in der Regel Rich-Media-Banner.

Pop up-Werbung

Eine sehr beliebte und verbreitete Werbung im WWW stellen Pop ups dar. Bei der Pop up-Werbung wird das Werbemittel nicht in die Website integriert, sondern legt sich in einem separaten Browserfenster über die Werbeträgersite. Pop ups verfügen über alle gängigen „Fensterfunktionen“: Sie lassen sich verschieben, parken und schließen. Dieses Werbemittel wird eingesetzt, um die Gestaltungsfläche zu vergrößern und um die Aufmerksamkeit des Nutzers für die Werbung zu erhöhen. Pop ups sind darüber hinaus flexibel schaltbar, da sie sich nicht in einen festdefinierten

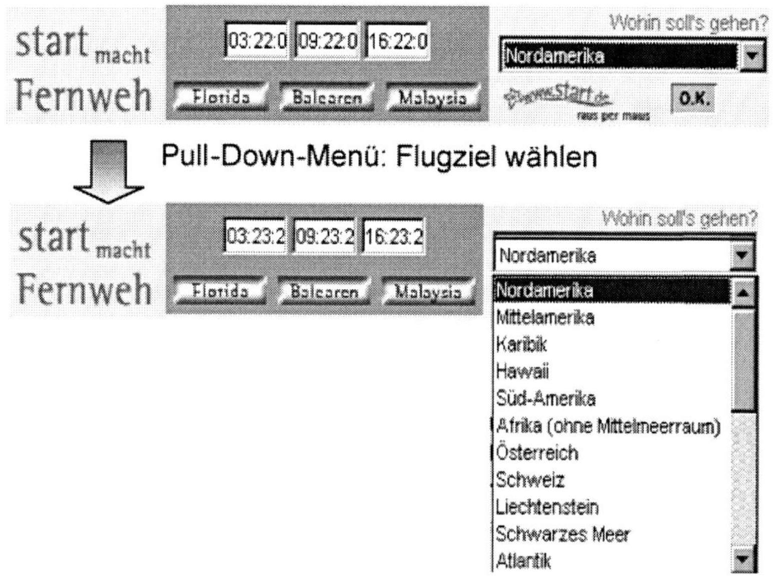

Abbildung 14: HTML-Banner (468 × 60 Pixel)

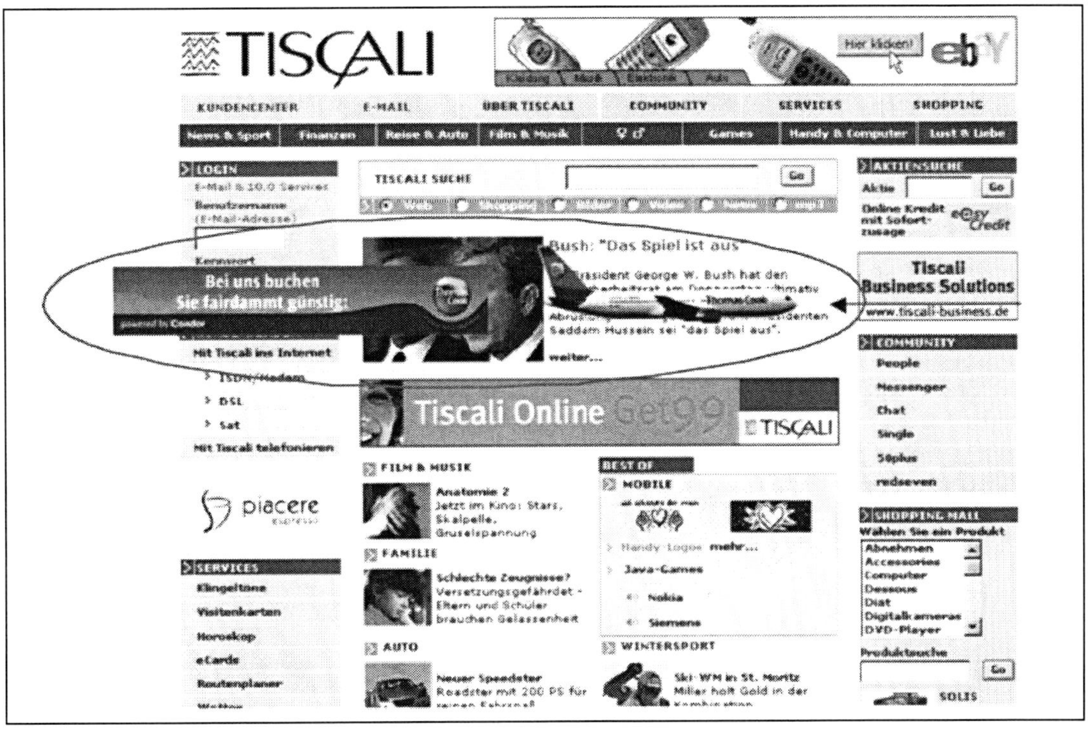

Abbildung 15: DHTML-Werbung

Werbebereich der Website einfügen müssen. Aus diesem Grund ist der Werbende in der Formatwahl (Werbemittelabmessungen) im Grunde flexibel. Das IAB empfiehlt für Pop ups jedoch die Formate 200×300 Pixel und 250×250 Pixel (Länge×Breite). Abbildung 16 zeigt ein Beispiel für ein Pop up. Abbildung 17 zeigt drei Screens einer Automobilwerbung, die auf der verlinkten Zielseite in einem Film fortgesetzt wurde.

Aktuelle Studien belegen jedoch, dass Pop ups an Bedeutung verlieren werden. Die Hauptursache für diesen Wandel liegt in der verstärkten Entwicklung von Technologien, die das Auftreten dieser Werbeart verhindern. Diese neuen Technologien werden meist als **Pop up-Blocker, Pop up-Filter** oder **Webwasher** bezeichnet. Die Bezeichnung „Webwasher" ist sehr direkt und stellt Pop ups auf eine Stufe mit Unrat oder gar Schlimmerem, was es zu entfernen gilt. Browser wie AOL verfügen bereits standardmäßig über einen Pop up-Blocker. Der Nutzer kann in einer einfachen Abfrage per Setzen eines Hakens (also mit einem Klick) darüber entscheiden, ob der „Werbefilter" aktiviert werden soll oder nicht. Nun, das Resultat einer solchen Abfrage ist leicht vorhersehbar. Nach einer Studie von Adtech wird aktuell rund jedes zweite Pop up ausgefiltert.

Ein weiterer Nachteil der Pop ups besteht darin, dass sie, wenn sie nicht vorher „abgefangen" wurden, den Nutzer mit Lade- beziehungsweise

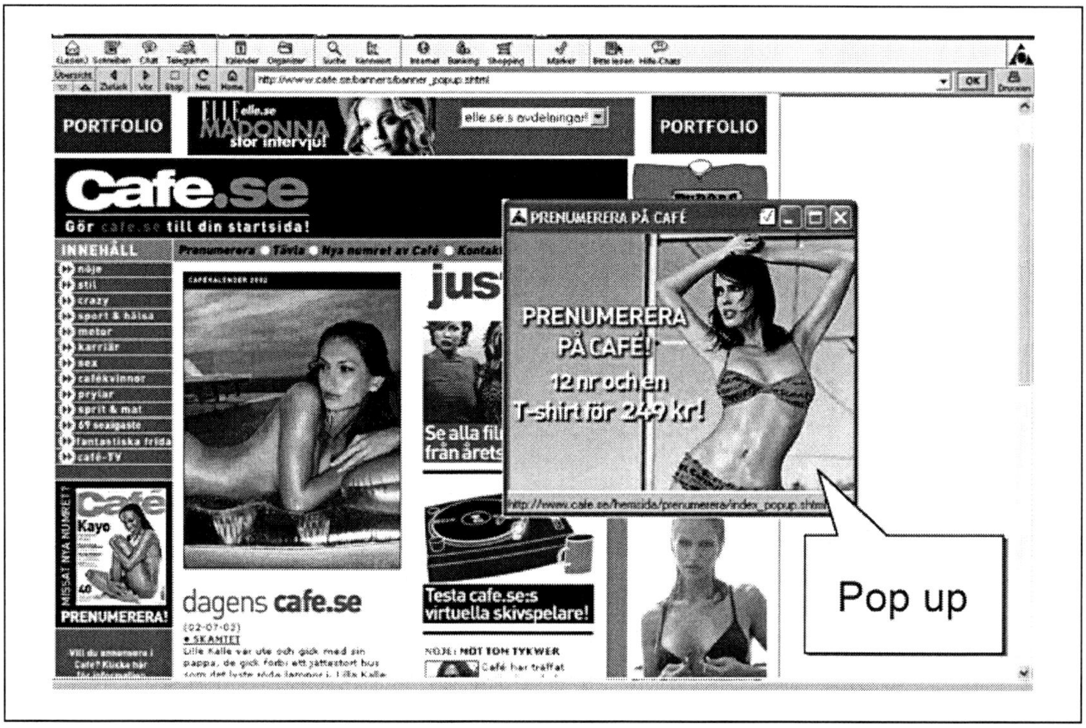

Abbildung 16: Pop up (250 × 250 Pixel)

Abbildung 17: Pop up-Stream (Flash)

Wartezeiten konfrontieren. Der Nutzer ist in der Regel ungeduldig und klickt das Pop up mitunter weg, bevor es vollständig geladen wurde. Es empfiehlt sich daher, bei allen kreativen Gestaltungswünschen immer die Speicherkapazität des Werbemittels und damit die Ladezeit zu berücksichtigen!

Bei aller vermeintlichen „Belästigung" durch Pop ups muss an dieser Stelle doch eine Lanze für die Online-Werbung gebrochen werden. Ohne sie wäre es nicht möglich gewesen, den Nutzern einen Großteil des Webangebotes kostenlos zur Verfügung zu stellen. Dieser kostenlose Charakter des Internets hat zu einem Großteil zur schnellen Verbreitung und hohen Akzeptanz des Mediums geführt! Das betriebswirtschaftliche Äquivalenzprinzip lautet: „Keine Leistung ohne Gegenleistung". Fokussiert sich der Nutzer nach dem „Cherrypicking-Verfahren" nur auf seinen Vorteil – nämlich surfen ohne Werbung, darf er sich später nicht über verstärkte Pay-Content-Offerten beklagen. Denn, wie heißt es doch gleich: „Die Geister, die ich rief …" **Hier wäre aus dem gewachsenen Medienverständnis heraus ein wenig mehr Weitsicht der Nutzer wünschenswert.**

Neben den klassischen Pop ups haben sich die **Superstitials** etabliert. Superstitials sind eine Weiterentwicklung der Pop ups mit größerem Format und bieten die Möglichkeit, große Multimedia-Elemente (beispielsweise Bild und Ton) zu integrieren, ohne den Nutzer dabei mit langen Lade- beziehungsweise Wartezeiten zu konfrontieren. Das Prinzip der Superstitials ist recht simpel: Mit dem Aufruf der Werbeträgersite wird das Werbemittel nicht sichtbar im Hintergrund geladen. Wurde das Werbemittel zu 100 Prozent geladen, ist es „scharf" und wird mit dem nächsten Klick, den der Nutzer auf dieser Site ausführt, eingeblendet und abgespielt. Ein wesentlicher Nachteil wird an dieser Stelle bereits deutlich. Das Superstitial-Prinzip funktioniert nur, wenn der Nutzer, nachdem das Werbemittel vollständig geladen wurde, einen zusätzlichen Klick auf der Werbeträgersite ausführt. Verlässt der Nutzer die Site, ohne den endscheidenden Klick zu tätigen, wird das Werbemittel nicht angezeigt, jedoch als Einblendung (AdImpression) berechnet! Darum sollte selbst die Speicherintensität von Superstitials nicht unendlich sein.

Die folgende Abbildung 18 zeigt das Superstitial eines Getränkeanbieters. Mit der PC-Mouse kann das Messer bewegt und die Flasche entblättert werden. Am Ende kann der Nutzer entscheiden, ob er die Flasche noch einmal entblättern möchte (REPLAY) oder ob er die Website des Werbetreibenden besuchen möchte (VISIT SITE).

C) Interstitials

Interstitials sind vom Format her die größte Werbeform im WWW. Im Extremfall füllen sie die gesamte Bildschirmfläche aus (Fullscreen). Interstitials werden im geöffneten Browserfenster geschaltet, genau dort, wo der Nutzer die angewählte Website erwartet. Aus diesem Grund wird den Interstitials eine hohe Aufmerksamkeit zugerechnet. Dieses Werbemittel bleibt in der Regel nur einige Sekunden geöffnet und schließt sich dann automatisch. Je nach Programmierung kann es zu einem späteren Zeitpunkt erneut aufpoppen. Interstitials sind sehr aufmerksamkeitsstark, jedoch nicht klickbar. Sollte das Werbeziel darin bestehen, den Nutzer über einen Hyperlink auf die Site des Werbetreibenden zu leiten, so müsste zusätzlich zum Interstitial ein Banner oder Pop up ausgeliefert werden. Interstitials (zu deutsch etwa Unterbrecherwerbung) können den Nutzer jedoch belästigen und irritieren. Da er nicht die von ihm angewählte Site angezeigt bekommt, – zumindest nicht sofort – könnte er ferner in seinem Navigationsverhalten verunsichert werden.

Durch eine übermäßig hohe Schaltung an Interstitials läuft der Betreiber einer Werbeträgersite mitunter Gefahr, Nutzer an eine thematisch ähnliche Site mit weniger „Werbeunterbrechungen" zu verlieren.

Abbildung 18: Superstitial

Seine Werbeattraktivität würde sinken. Aus diesem Grund werden Interstitials heute nicht mehr primär einer Website vor-, sondern nachgeschaltet. Ein Nutzer erkennt nicht, ob ein Interstitial vor- oder nachgeschaltet ist. Der beschriebene negative Effekt wird somit auf die nachfolgende Site verlagert.

Wichtig: Werbende, die eine Interstitialbuchung einkaufen, sollten tunlichst darauf achten, dass das Werbemittel der gewählten Website vor- und nicht nachgeschaltet wird. Hierfür sprechen zwei Gründe. Erstens wird das Situationsinvolvement aufgrund der Erwartungshaltung beim Seitenaufbau höher eingeschätzt und zweitens kommt es bei jeder Werbeschaltung zu Ausstrahlungseffekten! Ein Beispiel: Die Deutsche Bank bucht eine kostspielige Interstitialwerbung auf der renommierten Website http://www.welt.de. Die Werbung wird von welt.de in unserem Beispiel nachgeschaltet. Die Deutsche Bank erreicht zwar die gleichen Nutzer, hat jedoch keinen Einfluss darauf, in welchem thematischen Umfeld die Werbung aufpoppt – dies ist einzig und allein von der Navigation des Nutzers abhängig. Ruft dieser nach seinem Besuch auf der Site http://www.welt.de beispielsweise eine Website mit erotischen Inhalten auf, würde die Deutsche Bank-Werbung in diesem Umfeld eingeblendet werden und entsprechend negativ auf das Unternehmen abfärben. Da Images in den meist gesättigten Märkten sehr wichtig und darüber hinaus generell hoch sensibel sind, kann der Schaden für das Unternehmen in diesem Fall beträchtlich sein!

D) Easy-Ad

Das Easy-Ad ist eine Weiterentwicklung des Interstitials und stellt im Prinzip eine eigenständige Website dar. Es kann Music- und Videolibraries, Chat-Communities, Gewinnspiele, Shops, Link-Listen etc. enthalten. Das Easy-Ad ist prädestiniert, Image- und Erlebniswerte zu kommunizieren. Der Nutzer bewegt sich dabei ständig im Umfeld des Brand-Images des Werbetreibenden. Der Nutzer kann sich im Easy-Ad registrieren, den Inhalt personalisieren und das Easy-Ad sogar selbst verschicken (zum Beispiel an Freunde). Durch die Versendung des Easy-Ads besteht die Möglichkeit, dass sich dieses Werbemittel im Gegensatz zu allen anderen über die bloße Schaltung beziehungsweise Buchung hinaus verbreitet. Das Easy-Ad kann damit als Instrument des **Viral-Marketing** (also des Empfehlungs-Marketing) bezeichnet werden. Abbildung 19 zeigt ein Beispiel.

E) Streaming Video Ads und E-Mercials

Bei Streaming Video Ads (Ad = Advertising = Werbung) handelt es sich um Werbespots im Internet, die interaktiv sind (sprich über einen Hyperlink verfügen) und über AdServer (zentrale Netzwerkrechner zur Werbemittelsteuerung) ausgeliefert werden können. Sie sind somit flexibel steuer- und über Internetleistungskennzahlen zählbar. E-Mercials (abgeleitet von Commercials = englischer Ausdruck für Werbespots) sind ebenfalls Werbespots im Internet. Sie füllen jedoch den gesamten Monitor aus (Fullscreen), haben in der Regel nur eine Länge von circa sieben Sekunden und sind zudem nicht klickbar. Analog zum Interstitial müsste der Werbetreibende hier unter Umständen zusätzlich ein Banner oder Pop up mit ausliefern.

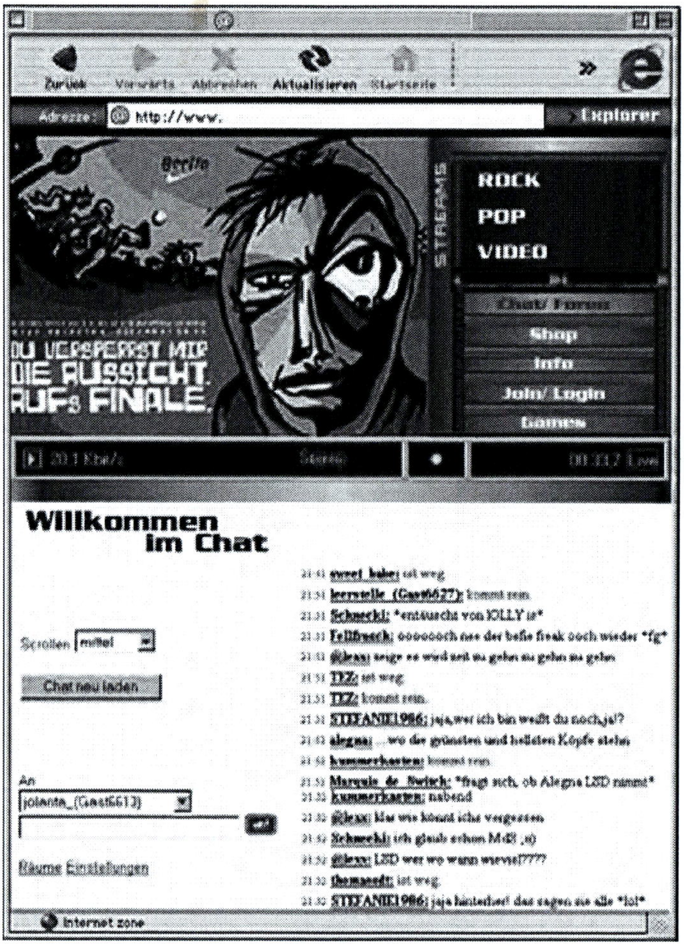

Abbildung 19: Easy-Ad

Eine innovative Lösung für Streaming Ads bietet GMX (http://www.gmx.de) in Kooperation mit der Commercial Spot Streaming (CSS) Media GmbH Hamburg (http://www.css-media.com). Die Technologie ist Java-basiert und verzichtet daher auf jegliche PlugIns (Software zum Abspielen des Films) und Downloads. Mit dieser Technologie lassen sich somit 95 Prozent aller Nutzer erreichen. Selbst Modem-Nutzer können den Stream in guter Qualität sehen. Die CSS-media GmbH bietet allen Werbetreibenden die Möglichkeit, TV-Kampagnen in höchster Qualität und für alle Bandbreiten ins Internet zu übertragen.

Ergänzend zu AdImpressions (Werbemitteleinblendungen), AdClicks (Anklicken eines Werbemittels) und Clickraten (prozentuales Verhältnis zwischen AdClicks und AdImpressions) wird bei

Streaming Ads von einigen Anbietern die Kennzahl OAL (OnAirLevel) erhoben. Der OAL gibt Auskunft über die Ausstrahlungszeit des Spots. Es kann somit festgestellt werden, ob die Werbeträgersite bereits vor Ablauf des Spots von dem Nutzer verlassen respektive geschlossen wurde.

Die folgende Abbildung 20 zeigt das Streaming Video Ad „Gladiator" des US-Werbegiganten Pepsi, bei dem das Unternehmen die Pop-Stars Britney Spears, Beyoncé Knowles und Pink in die Arena schickt. Pepsi setzt generell auf Top-Testimonials und hatte auch schon Stars wie Michael Jackson oder Madonna unter Vertrag.

Die Absatzwirtschaft 4/2006 berichtet, dass AOL den Gladiator-Spot nach der TV-Kampagne in fünfminütiger Länge auf AOL gezeigt hat. Mehr als 100.000 Nutzer haben die drei Sängerinnen in Lederkluft dort online gesehen. Das demonstriert eindrucksvoll, dass jene Zeiten vorbei sein können, in denen Online-Werbung weggeklickt wird.

Abbildung 20: Streaming Video Ad

F) LayerAds

LayerAds sind Applikationen, die sich für eine begrenzte Zeit über den Bildschirm legen. Sie können auch animierte Bilder oder Filmsequenzen transportieren. Es ist möglich, die Werbebotschaft am Ende der Applikation über ein fest in die Website integriertes Werbeformat (zum Beispiel Banner) präsent zu halten. Durch die direkte Integration beziehungsweise Überblendung des ContentFrames erzielen LayerAds eine hohe Aufmerksamkeit. Über die Großflächigkeit lassen sich besonders Images vermitteln. Die folgenden Abbildungen 21 und 22 zeigen Beispiele.

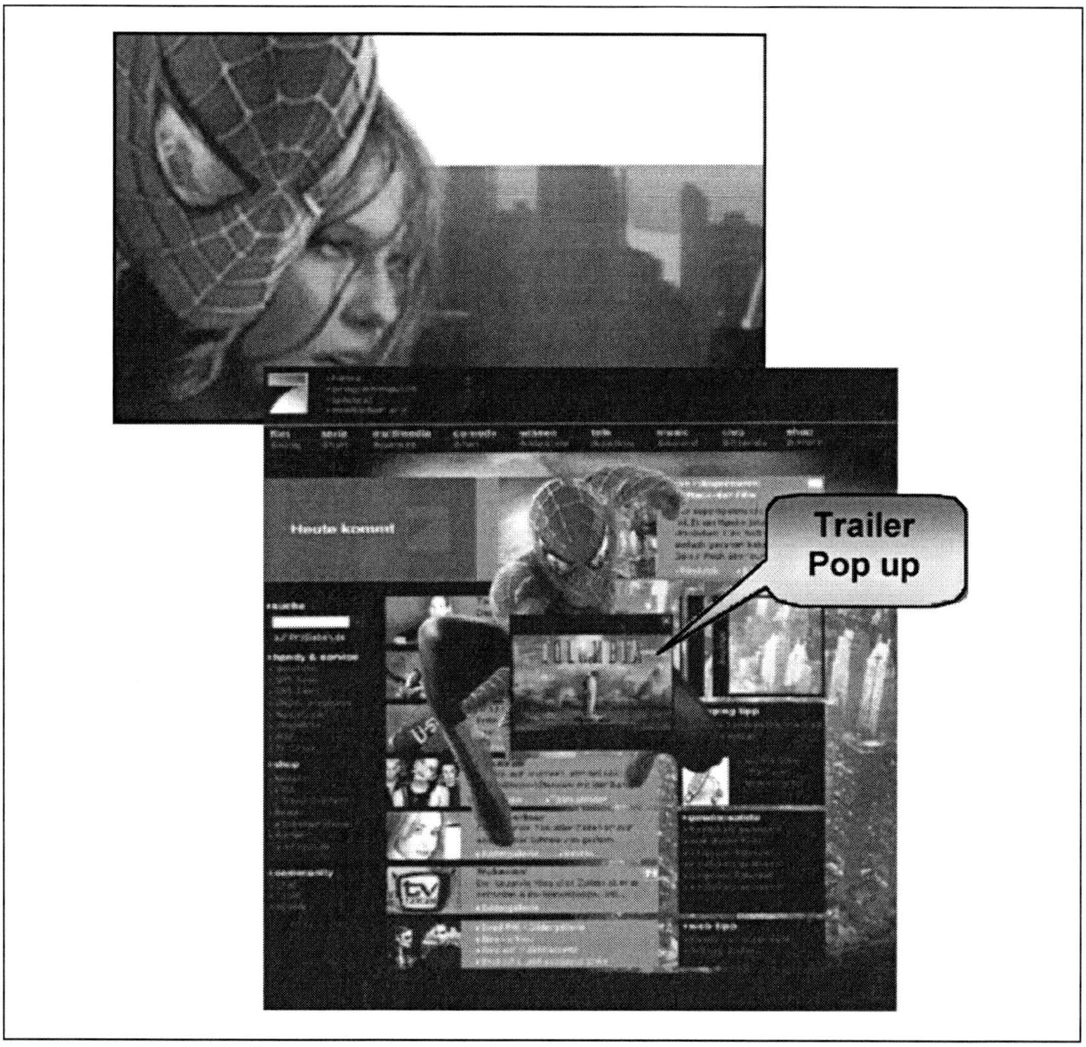

Abbildung 21: Spiderman-Layer Ad auf ProSieben.de

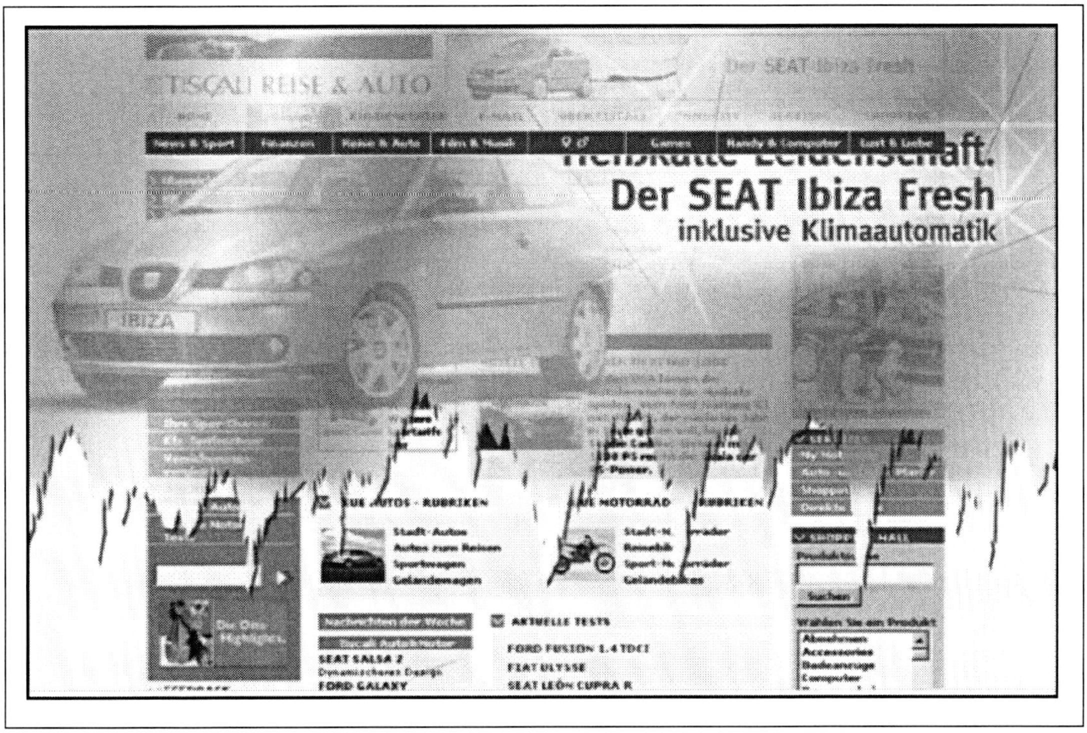

Abbildung 22: Transparent Ad – Layer Ad-Sonderform

In der Abbildung 21 schwingt sich Spiderman hochdynamisch über die Website von ProSieben.de und hält direkt auf den Betrachter zu. Anstatt sein Netz zu schleudern, präsentiert er in seiner ausgestreckten Hand ein Pop up mit dem Werbetrailer zum Kinostart. Einer so angepriesenen Werbung kann man sich einfach nicht entziehen. Im zweiten Fall wird der neue Seat Ibiza Fresh auf der Website von Tiscali beworben. Ausgelobter USP des Wagens, die neue Klimaanlage, die so kalt ist, dass sie kurzerhand die Website beziehungsweise den Monitor des Betrachters einfriert. Als Werbemittel bedient man sich hierbei einem Transparent Ad, einer Sonderform des LayerAd. Das Transparent Ad dient hier nicht nur der Aufmerksamkeit, sondern verstärkt auch sehr wirksam die Eingängigkeit der Werbeaussage. Ideal ist auch die blaue Farbgebung, die einen die Kälte förmlich spüren lässt.

G) Sonderwerbeformen

Neben den genannten Werbeformen gibt es eine Vielzahl weiterer, die an dieser Stelle auszugsweise nur kurz genannt und erläutert werden sollen. Wir bitten um Verständnis, dass wir nicht jede exotische Werbeform behandeln, denn wir wollen an dieser Stelle das Thema des Leitfadens, die Online-Mediaplanung, nicht aus den Augen verlieren. Die folgende Auflistung soll dem Leser daher nur einen groben Überblick über weitere werbliche Maßnahmen im Internet geben.

AdGames und Advertainment – Werben in Computerspielen

Beim Advertainment handelt es sich um die meist kostenlose oder sehr preiswerte Verbreitung von PC-Spielen, in denen die Marke oder das Produkt platziert wurde. Es handelt sich somit um eine neue Form des Product Placements.

Ad Navigation Bars

Hierbei werden die Werbeinformationen in die essentiell notwendige Navigationsleiste einer Site integriert.

Affiliate-Marketing

Ziel des Affiliate-Marketing ist es, durch sinnvolle Kooperationen speziell bei Komplementärgütern Cross-Selling-Potenziale zu erschließen (in der Vergangenheit wurde dieses Vorgehen als Co-Branding bezeichnet). So bietet ein Reiseversicherer seine Leistungen beispielsweise auf Websites von Reisebüros an. Das Bestechende am Affiliate-Marketing: Die Vergütung der Partner ist immer an ein bestimmtes Resultat gekoppelt, die Kosten sind somit rein erfolgsorientiert.

Audiobanner

Als einzelne WAV-Datei, als akustischen Banner im HTML-Code oder als Hintergrundsound werden Werbespots transportiert.

Brand Flooding

Das Brand Flooding stellt ein neues Konzept dar, das auf der Pop up- und Interstitial-Werbung basiert. Für eine kurze Zeit wird eine Content-Site mit Markenattributen, CI-Vorgaben etc. geradezu „überflutet“. Die Navigationsfunktion sowie der Content-Bereich der Werbeträgerseite bleiben dabei unberührt. Das Brand Flooding kann dabei über AdServer zeitgesteuert werden und in Etappen erfolgen, so dass der Nutzer die Veränderung der Site erst nicht bemerkt. Mit der zweiten oder dritten „Überflutungswelle“ erhält er dann jedoch die Gewissheit, dass eine Veränderung stattgefunden hat.

Comet Cursor

Hier wird der Mauszeiger beim Führen auf eine Werbefläche durch das entsprechende Firmenlogo ersetzt. Er fungiert jedoch weiterhin als Mauszeiger. Der Comet Cursor kann auch kurze Textbotschaften und Zusatzinformationen beinhalten.

Coupons

Web.de bietet die Möglichkeiten auf seinen Websites Wert-Coupons als Werbemittel zu schalten. Eine Werbung von Sport-Thieme lautet beispielsweise „5 Euro Gutschein – Newsletter abonnieren und einen 5 Euro Einkaufsgutschein erhalten“. Das Werbemittel ist mit einem Button „Einlösen“ versehen.

Digilog-System

Das Digilog-System ist zwar kein eigenes Werbemittel im eigentlichen Sinne, aber ein sehr interessanter Ansatz zur Response-Steigerung. Es handelt sich hier um ein innovatives Werbesystem der norwegischen Firma Digilog AS. Digilog AS hat ein Bonussystem entwickelt, bei dem der Nutzer namentlich erfasst wird und für jeden Werbeabruf Punkte auf ein Konto gutgeschrieben bekommt. Ab einer bestimmten Menge kann er diese gegen Artikel aus einem Katalog einlösen. Das Nutzerverhalten kann hier genau analysiert werden.

Downloads

Besonders begehrt sind derzeit Downloads für den **MP3-Player „Apple i-Pod“.** Das Herunterladen von Musik und auch Sprachsequenzen (Nachrichten etc.) wird als **Podcasting** oder kurz **Podcast** bezeichnet. Es handelt sich hier um eine Zusammensetzung aus den Wörtern „iPod“ und „Broadcasting“, dem englischen Wort für „Rundfunk“. Podcasts können von interessierten Nutzern auch „abonniert“ werden. Der jeweils aktuelle Podcast wird dann automatisch als MP3-File auf den Rechner des Abonnenten geladen, der ihn dann am PC oder über die HiFi-Anlage hören kann, oder ihn auf seinem iPod oder MP3-Player mitnehmen kann – die Technik macht's möglich. Allein der NDR verweist auf eine halbe Million Podcast-Downloads innerhalb von sechs Monaten nach seinem ersten Angebot. Die Podcast-Community umfasst in Deutschland derzeit rund 500.000 Menschen. Seit neuestem können auch Kurzfilme auf den iPod geladen werden; man spricht hier von **Videopodcasting** oder kurz **Vodcast.** Die Abbildung 23 zeigt ein Vodcast der Firma Karlsberg.

Mercedes betreibt derzeit auf seiner Website beispielsweise sehr erfolgreich die iPod-Promo **„Mixed Tapes“.** Nachwuchsbands können sich hier beim Autobauer bewerben, und die besten Songs werden alle zehn Wochen im Internet als iPod-Sampler zum Download angeboten. Sei Beginn der Aktion wurden **17 Millionen Downloads** generiert. Die Mixed Tapes haben sich damit als absolute Traffic-Maschine für die Website des Autobauers herausgestellt. Im **„Apple-iTunes-Ranking“,** der wichtigsten Download-Plattform im Internet, erreichten die Mixed Tapes im Dezember 2005 sogar Platz eins.

Abbildung 23: Apple iPod mit Vodcast

E-Mails und Newsletter

Über Adressanbieter wie www.az-direct.com, www.schober.de, www.adrom.net oder www.postdirekt.de können permission based Adressen für Werbemails gekauft oder gemietet werden. Freenet.de bietet beispielsweise auch Webmailbanner, also Banner-Werbung in E-Mails an. Doch der neuste Trend heißt Videomails, das heißt, in E-Mails werden abrufbare Videostreams integriert. Diese Werbeform wird speziell genutzt, um Fernsehspots in das Internet zu verlängern. Erste Anwender von Videomails sind Unternehmen aus der Medienbranche, wie Columbia-TriStar, die bereits sehr gute Erfahrungen mit der neuen Werbeform gemacht haben. Bei der Videomail-Kampagne zum Kinostart von „Welcome to the Jungle“ wurde eine Click-Through-Rate von 21 Prozent erzielt, das heißt jeder fünfte Empfänger wollte den Trailer sehen. Generell ist darauf hinzuweisen, dass die Versendung von Werbemails ohne Einwilligung des Adressaten nach **§ 7 Abs. 2 Nr. 3** des UWG (Gesetz gegen unlauteren Wettbewerb) als unzumutbare Belästigung eingestuft und in der Konsequenz verboten wird. Weshalb immer von **Permission-Marketing,** also von Erlaubnis-Marketing bei E-Mail-Kampagnen die Rede ist. Seriöse E-Mail-Versender können sich seit kurzem nach Prüfung durch den Verband der deutschen Internetwirtschaft und den Deutschen Direktmarketing Verband (ddv) in eine **„Positiv-Liste“** eintragen lassen (eine Art Qualitätssiegel), um nicht als Spam-Versender unter Generalverdacht gestellt zu werden. Der ddv (http://www.ddv.de) sei generell als kompetenter Ansprechpartner für Fragen zu Mail-Kampagnen genannt.

Gute Werbemöglichkeiten bieten auch vom Nutzer abonnierte **Newsletter.** Aufgrund des Special-Interest-Charakters vieler Newletter ist dieser Werbeträger gut zur contentbezogenen Zielgruppenansprache geeignet. Abbildung 24 zeigt exemplarisch eine Newsletter-Werbung.

Abbildung 24: Newsletter mit HTML-Werbung

E-Zine-Publikationen
Elektronische Magazine und Unterhaltungsblätter im Internet mit redaktionellen Inhalten und passender Werbung.

Frequently Asked Questions (FAQs)
Fragen und Antworten (FAQ = häufig gestellte Fragen). Die FAQ-Listen sind als Informationsquelle sehr begehrt. Sie lassen sich gut mit passenden Werbebotschaften kombinieren.

Giveaways
Auch als Goodies oder Zusatznutzen bezeichnete Mitgaben für Sitebesucher, oft Shareware oder Information.

Guerillia-Marketing
Keine Angst, es ist nicht der Krieg in der Werbebranche ausgebrochen, noch nicht. Guerillia-Marketing ist eine öffentlichkeitswirksame Sonderwerbeform. Man bedient sich dabei extravaganter bis spektakulärer Maßnahmen. So hatte der Sportartikelhersteller Adidas bespielsweise die exklusiven Sponsorenrechte für den Berlinmarathon. Dem US-Konkurrenten Nike war somit der offizielle Weg für werbliche Maßnahmen im Umfeld des Events versperrt. Nike ging kurzerhand mit einer Guerillia-Aktion in den Untergrund, so wurde aus der Teilnehmerliste der älteste Läu-

fer ermittelt und eine Unterstützungskampagne „Kämpft für Herrn X" initiiert, die ihren festen Platz in der Presse fand. Wir sind uns sicher, künftig im Internet auch verstärkt auf Guerillia-Ads zu stoßen. Die folgende Abbildung 25 zeigt eine Guerillia-Kampagne der Agentur „Night Agency" in New York. Sie sehen, die Kampagne hat es von den Straßen New Yorks bis in unser Buch geschafft – Respekt ...

Abbildung 25: New Yorker Guerilla-Marketing-Kampagne

Internet-Gewinnspiele
Hier werden wie in der klassischen Werbung Kundenadressen generiert und Produkte als Gewinn platziert. Die Attraktivität eines Gewinnspiels ist stark vom Preis/Gewinn abhängig. Mit einem Mousepad ist kein Kunde mehr zu ködern. Derzeit werden etwa 1.000 Gewinnspiele monatlich im Netz durchgeführt.

Listenmoderation
Hochfrequentierte Listen werden vom Werbetreibenden moderiert

Listensponsoring
Betrieb einer Mailingliste zu einem bestimmten Thema zum preiswerten Unterbringen von Eigenwerbung.

Microsites
Komplette Sites mit einer bestimmten Aufgabe als schwebendes Zusatzfenster, im Bannerformat oder als Site-in-Site innerhalb einer größeren Site. Microsites können beispielsweise die Bestellung eines einzelnen Artikels auslösen.

OMS WEB-Promotion
Hier verbindet der Werbeträger den Content direkt mit einer Werbebotschaft. Die Werbung schafft damit einen Mehrwert für den Nutzer (in der klassischen Werbung könnte man diese Werbung mit einem bedruckten Kugelschreiber vergleichen).

Online Sponsoring
Hier werden analog zur klassischen Werbung bestimmte Inhalte und Angebote durch Mittel externer Unternehmen finanziert. Im Gegenzug werden die Unternehmen namentlich genannt.

Online-Messen
Unter Online-Messen versteht man spezielle Websites, die virtuelle Messen darstellen. Man kann sich in der Ausstellerdatenbank erfassen lassen, sein Unternehmensporträt hinterlegen, sich mit Abbildungen, Preisen und technischen Daten in die Produktdatenbank aufnehmen lassen oder über Banner und Sponsoring auf sich aufmerksam machen.

Screensaver Advertising

Der Nutzer kann sich auf der Webseite des Werbetreibenden attraktive Werbebildschirmschoner herunterladen. Der Nachteil ist, dass der Bildschirmschoner läuft, wenn nicht am PC gearbeitet wird.

Textlinks

Im Fließtext bestimmter Webseiten werden Links eingebaut, die auf beworbene Seiten führen.

WEB.Cent

WEB.Cent ist das eigene prepaid Micropayment- und Bonussystem von Web.de, das von Nutzern als Zahlungsmittel für Dienste wie SMS-Versand oder beim Einkauf auf Partnersites genutzt werden kann. Es handelt sie hier um das bekannteste digitale Bezahlsystem bei deutschsprachigen Nutzern. Web.de verfügt derzeit über 18 Millionen registrierte Nutzer und 5 Millionen WEB.Cent-Konten. Als WEB.Cent-Partner erschließt man sich dieses Kundenpotenzial.

Individuallösungen

Neben den genannten Standard- und Sonderwerbeformen besteht im Internet wie in keinem anderen Werbemedium die Möglichkeit, auf Anfrage individuelle Kundenwünsche zu realisieren. Verdeutlicht werden soll dies an einer sehr extravaganten und individuellen Werbelösung von SevenOne Interactive für den amerikanischen Jeans-Produzenten Levi's. Im Sinne des Crossmedia sollte eine Online-Werbung in Anlehnung an den TV-Spot „Levi's Twisted", in dem einige junge Leute in Levi's-Jeans ihre Gliedmassen ver- und entdrehen, entwickelt werden. SevenOne Interactive erkannte den Kern des Spots im Ver- und Entdrehen der Gliedmaßen und verdrehte kurzerhand die gesamte Homepage von ProSieben.de um die vertikale Mittelachse und ließ sie danach wie eine Stahlfeder wieder zurückschnellen. Seven-One Interactive hat aufgrund der Tatsache, dass sie Vermarkter ihrer eigenen Websites und gleichzeitig Kreativagentur sind, besonders vielfältige Möglichkeiten, auf Anfrage Individuallösungen zu realisieren.

Wir meinen, Ihnen mit diesem Abschnitt einen kurzen Abriss über die wichtigsten Online-Werbemittel sowie die generellen Funktionen gegeben zu haben.

Werbemittelkreation

Nachdem im ersten Abschnitt die wesentlichen Werbemöglichkeiten präsentiert wurden, werden im Folgenden wichtige Grundlagen für die Werbemittelgestaltung gegeben. Die Vermittlung einiger theoretischer Grundlagen aus der Gestaltungspsychologie ist dabei unerlässlich.

Bildkommunikation als zentrales Element moderner Werbung

Dem aufmerksamen Betrachter der Medien- und Werbelandschaft wird auffallen, dass sich die Werbetreibenden verstärkt der Bildkommunikation bedienen, um dem Konsumenten ihre Botschaften zu vermitteln. Diese „Strategie" der Agenturen kann als Antwort auf den bereits beschriebenen zunehmenden Selektionsprozess in der Wahrnehmung der Konsumenten vor dem Hintergrund der steigenden Mediensättigung gesehen werden. Bilder stellen die bedeutendsten Gestaltungselemente der Werbung dar. Der nachfolgende Abschnitt wendet sich den Vorteilen und Funktionen der Bildkommunikation zu und untermauert damit die eben getroffene Aussage.

Funktionen von Bildern

- Bilder werden gegenüber Texten bevorzugt: Sie werden früher, länger und häufiger fixiert als Text.
- Bilder werden wie Realität wahrgenommen, weniger hinterfragt und sind zudem informationsreicher.
- Sie erhöhen die Bereitschaft der Empfänger, sich einer Botschaft zuzuwenden.
- Sie führen leichter zu inneren Bildern als Texte.
- Bilder sind insbesondere zur Vermittlung von Emotionen geeignet.

Der Werbeforscher *Kroeber-Riel* stellt drei wesentliche **Eigenschaften** von Bildern heraus:

- **Schnelle Aufnahme** und Verarbeitung von Bildinformationen: Um ein Bild mittlerer Komplexität aufzunehmen und abzuspeichern sind durchschnittlich 1,5 bis 2,5 Sekunden erforderlich.
- **Geringe gedankliche** Anstrengung bei Bildkommunikation: Bilder werden im Gehirn mit einer geringeren gedanklichen Beteiligung verarbeitet als sprachliche Informationen.
- Bildkommunikation prägt die Anforderung an die Informationsdarbietung: Die Bildkommunikation bestimmt mehr und mehr die Erwartungen, die an jede Form der Informationsvermittlung – auch an die sprachliche – gestellt werden.

Bilder lassen sich von sprachlichen Informationen beziehungsweise Werbetexten durch folgende zentrale Ausprägung unterscheiden: **Sprache eignet sich zur rationalen Argumentation, Bilder hingegen sind prädestiniert, emotional zu beeindrucken.**

Neben den genannten Vorteilen verfügen Bilder jedoch auch über einen wesentlichen Nachteil: Sie weisen eine höhere Mehrdeutigkeit als Sprache auf. Durch den Einsatz falsch ausgewählter Bilder können Assoziationen ausgelöst werden, die nicht der Kommunikationsabsicht entsprechen.

Bilder erfüllen in der Werbepraxis eine Vielzahl von **Funktionen.** An dieser Stelle seien die wichtigsten genannt:

- Auslösen von **Aktivierung:** Werbung, die nicht gesehen wird, kann nicht wirken. Unter den Voraussetzungen der Informationsüberlastung und des Low-Involvement der Konsumenten spielen Bilder zur Aktivierung eine entscheidende Rolle.
- Auslösen von **Emotionen:** Vor dem Hintergrund der zunehmenden Austauschbarkeit der Produkte wird die erlebnisbetonte Positionierung immer bedeutender. Bilder übernehmen dabei die Funktion, diesen emotionalen Mehrwert visuell zu kommunizieren.
- Vermitteln von **Informationen:** Bilder sind ideal geeignet, komplexe Sachverhalte komprimiert und anschaulich darzustellen. Hier wird häufig das Beispiel einer Zahlentabelle im Vergleich zu einer Grafik oder einem Diagramm genannt.
- Erreichen von **Gedächtniswirkungen:** Da die Zeitpunkte des Werbekontaktes und des Kaufzeitpunktes häufig getrennt sind, ist es wichtig, im Gedächtnis des Konsumenten präsent zu bleiben, um in der Kaufsituation abgerufen werden zu kön-

nen (Relevant Set). Für diese Funktion sind emotionale Bilder und/oder Produktabbildungen sehr geeignet.

Die Aktivierungswirkung von Werbung

Bereits 1898 entwickelte Lewis das **AIDA-Modell,** das ursprünglich als Anleitung für ein Verkaufsgespräch gedacht war. Die Abkürzung steht für Attention (Aufmerksamkeit), Interest (Interesse), Desire (Wunsch) und Action (Handlung) und beschreibt den seriellen Prozess, durch den ein Verkäufer seinen Kunden im Verkaufsgespräch führen muss. AIDA wurde als Stufenmodell der Werbewirkung somit quasi zweckentfremdet. Heute ist man vom geradlinigen AIDA-Modell abgekommen. Der Stimulus-Response-Prozess verläuft in der Praxis sehr unterschiedlich. So wird Werbung vom Rezipienten oft beiläufig, das heißt ohne gerichtete Aufmerksamkeit aufgenommen (sogenannte Mere-Exposure-Effekt). Interest ist nicht automatisch die Folge von Attention, oft ist es genau umgekehrt, dass sich nämlich die Aufmerksamkeit nach dem Interesse für eine Sache oder ein Thema richtet. Ferner unterstellt AIDA den Erstkauf eines bisherigen Nichtverwenders. In der Praxis sind jedoch meist Wiederholungskäufe von Erfahrungsgütern zu beobachten usw. Weiter ist darauf hinzuweisen, dass AIDA unvollständig ist, wesentliche Kaufparameter wie Markenbekanntheit und Markeneinstellung werden nicht berücksichtigt.

Dennoch gilt: Eine Werbung, die nicht gesehen oder besser wahrgenommen wird (wenn auch nur unterbewusst), kann nicht wirken. Durch den hohen Grad der Informationsflut (siehe Einleitung) kommt der Aktivierungswirkung einer Werbung heutzutage eine zentrale, wenn nicht die zentrale Bedeutung zu.

Es ist eine alltägliche Erfahrung, dass sich unser Organismus in verschiedenen Stadien der „Wachheit" und damit seiner Aufnahmebereitschaft befinden kann. Diese reichen vom Tiefschlaf bis zur höchsten Aufmerksamkeit, die über starke Erregung bis zur Panik führen und den Konsumenten in seiner Aufnahmefähigkeit sogar blockieren kann. Die Erforschung dieser Wachheitszustände und ihrer Folgen bildet den Kern der Aktivierungstheorie.

Physiologisch gesehen ist Aufmerksamkeit eine kurze Erhöhung der Aktivierung, die dazu führt, dass die Aufnahmebereitschaft für den auslösenden Reiz erhöht wird. In diesem Zusammenhang ist auch der erhöhte Erinnerungswert einer stark aktivierenden Werbung von Bedeutung. Dieser liegt um 58 Prozent höher als bei einer schwach aktivierenden. Es lässt sich festhalten, dass es, um nun eine Aktivierung auszulösen, bestimmter Reize mit erhöhtem Aktivierungspotenzial bedarf. Es haben sich drei Gruppen von Reizen herauskristallisiert, die diese Eigenschaft erfüllen:

- Emotionale Reize
- Kognitive Reize
- Physische Reize

Emotionale Reize

Hier sind zunächst erotische Reize wie beispielsweise der weibliche Busen in einem ausladenden Dekolleté (zum Beispiel „die schöne Bäckersfrau" von Hanuta) sowie das Kindchenschema anzusprechen. Es gibt jedoch noch eine Vielzahl weiterer aktivierender emotionaler Reize wie Glück, Freiheit, Freude, Freundschaft, Erfolg, Geborgenheit, Angst, Trennung, Einsamkeit oder Macht – um nur einige zu nennen. Problematisch ist in der Praxis jedoch die Wahl des richtigen emotionalen Reizes für ein bestimmtes gegebenes Produkt. Je stärker eine Anzeige aktiviert, desto intensiver (aufmerksamer) wird sie aufgenommen und verarbeitet und desto besser wird sie folglich erinnert. Abbildung 26 zeigt ein emotional-aktivierendes Banner.

Kognitive Reize

Kognitive Reize sind Reize, die zu Inkonsistenzen und Konflikten führen. Beispiele wären Neuartigkeit (zum Beispiel in Bildstil oder Perspektive), Überraschungswert, Inkonsistenz, Komplexität, Unklarheit oder Konflikt. Ein verbales Praxisbeispiel ist die Werbung von Volkswagen für das Sondermodell Golf eGeneration: „Internet mit 130 PS?“ – Spannungsaufbau durch konträre Begriffspaare. Ein weiteres verbales Beispiel kognitiver Reize ist die Werbung für die Auskunft der deutschen Telekom, in der Verona Feldbusch den Slogan „Da werden Sie geholfen“ artikuliert. Abbildung 27 zeigt ein kognitiv-aktivierendes Werbebanner.

Physische Reize

Als Beispiele für physische Reize wären die Größe einer Werbeanzeige, ihre farbige Gestaltung oder das Größenverhältnis von Bild zu Text zu nennen.

Eine ganz neue Alternative zur Generierung von Aufmerksamkeit ist die Schock-Werbung, wie sie beispielsweise von dem Kaffeegetränk-Hersteller „K-FEE“ in den audiovisuellen Medien TV und Internet eingesetzt wird. Die Werbung zeigt eine idyllische Landschaftssituation, es sind kaum Geräusche wahrnehmbar. Man kann die Stille fast hören, als plötzlich direkt vor dem Betrachter lautschreiend eine Gruselgestalt auftaucht. Der Betrachter erschrickt halb zu Tode. Die Werbebotschaft: K-FEE macht wach! Die Schock-Werbung ist wie gesagt eine Alternative, ob sie in jedem Fall geeignet ist, muss gewissenhaft abgewogen werden. Die folgende Abbildung 28 auf Seite 50 zeigt Screens der K-FEE-Kampagne.

Abbildung 27: Kognitiv-aktivierendes Werbemotiv/ Perspektive

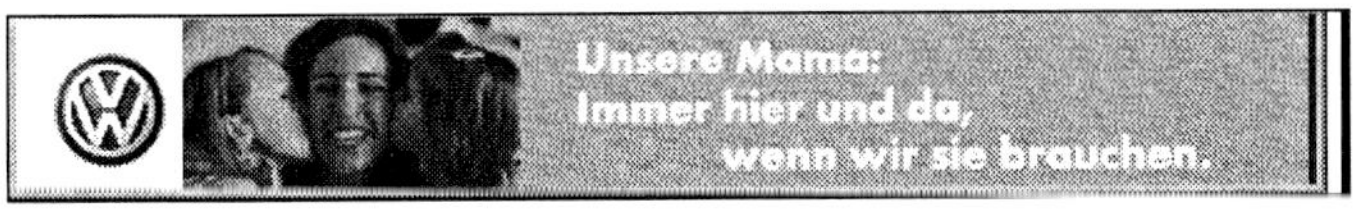

Abbildung 26: Emotional-aktivierendes Werbemotiv/Freude

Bildliche Umsetzung elementarer Kommunikationsziele

In diesem Abschnitt werden die verschiedenen Möglichkeiten und Techniken zur bildlichen Umsetzung elementarer Kommunikationsziele aufgezeigt. Es wird sich dabei auf die Kommunikationsziele „Vermitteln von Informationen“ und „Vermitteln von Emotionen“ beschränkt. Das Schaffen von Aktualität lässt sich generell über Auffälligkeit erzeugen und bedarf somit keiner besonderen Transformationstechnik.

Vermitteln von Informationen

Trotz der zunehmenden Differenzierung durch Images kommt der informativen Werbung nach wie vor ein bedeutender Stellenwert zu. Da dem Werbetreibenden aufgrund der Low-Involvement-Situation nur wenige Sekunden zur Vermittlung seiner Informationen bleiben, bedient man sich hier verstärkt der Bildkommunikation (vgl. Funktionen von Bildern). Die folgende Auflistung zeigt die Möglichkeiten der bildlichen Umsetzung von Informationen:

- Direkte Umsetzung
- Indirekte Umsetzung
  - Freie Bildassoziation
  - Bildanalogie
  - Bildmetapher

Die direkte bildliche Umsetzung einer Produkteigenschaft gestaltet sich relativ unproblematisch. Vertreibt man beispielsweise einen Multivitaminsaft mit dem Prädikat vieler Fruchtstücke, kann man diese Eigenschaft direkt in einem Spot oder in einer Anzeige visualisieren. Während des Einschenkens eines Glases oder Befüllens der Flasche können die unterschiedlichen Fruchtstücke sichtbar gemacht werden. Selbstredend sollte dabei beachtet werden, dass die Fruchtstücke überzeichnet dargestellt werden (farbiger und praller als in der Realität), um Begehrlichkeiten beim Betrachter zu wecken.

Das Problem besteht jedoch darin, dass man häufig Produkteigenschaften kommunizieren will wie „gesund“ oder „modern“, die sich nur schwer direkt darstellen lassen. In diesem Fall wählt man eine **indirekte Umsetzung.**

Bei der **freien Bildassoziation** werden in der Regel neben dem eigentlichen Produkt Bilder gezeigt, die keinen erkennbaren Sachzusammenhang zum Produkt aufweisen. Da die Werbemittel vom Betrachter ganzheitlich verarbeitet werden, versucht dieser nun, die unterschiedlichen Bildelemente in einen sinnvollen Sachzusammenhang zu bringen. In diesem Vorgehen ist er frei. Man hat so die Möglichkeit, neue Vorstellungen mit der Marke zu verknüpfen.

Abbildung 28: Schock-Werbung

Bei der **Bildanalogie** verwendet man Abbildungen von Lebewesen oder Gegenständen, die vom Betrachter automatisch mit bestimmten Eigenschaften verbunden werden (zum Beispiel eine Feder steht für die Eigenschaft leicht). Diese Eigenschaften werden auf das beworbene Produkt adaptiert. Ein verbales Beispiel für eine Bildanalogie ist der Slogan der Württembergischen Versicherung: „Ein Fels in der Brandung". Hier werden Eigenschaften wie Beständigkeit und Sicherheit kommuniziert. Ein weiterer Versicherungsanbieter (HUK-Coburg) wirbt mit einem ritterlichen Schutzschild, welches Sicherheit und Unantastbarkeit vermitteln soll.

Die **Bildmetapher** hingegen ist abstrakter als die Bildanalogie und kulturell geprägt. Beispiele: Die Eule steht für Weisheit, der Fuchs für Schläue (zum Beispiel LBS) oder die weiße Taube für den Frieden. Wichtig ist dabei, dass die Metapher vom Betrachter als solche erkannt wird. Der Gestalter hat durch diese Anforderung in seiner kreativen Umsetzung nur einen sehr begrenzten Spielraum.

Vermitteln von Emotionen

Grundlage der emotionalen Aufladung von Produkten und des Kreierens eines Erlebniswertes ist die Tatsache, dass Produkte nicht nur einen Gebrauchsnutzen besitzen, sondern auch mit gefühlsmäßigen Bedeutungsinhalten belegt werden können. Vor dem Hintergrund der steigenden Austauschbarkeit von Produkten wird diese Funktion zunehmend bedeutsamer. Es gilt nicht die objektive Beschaffenheit eines Produktes, sondern nur die subjektive Wahrnehmung durch den Konsumenten. Ein Image lässt sich somit als subjektive Verbrauchervorstellung beschreiben. Beispiele sind Fitness-Jogurts (Nestlé LC1), Lifestyle-Kombis (Audi A4 Avant), Statussymbole (MB S-Klasse) oder Zigaretten mit dem Hauch von Freiheit und Abenteuer (Marlboro). Um dieses Ziel zu erreichen, bedient man sich häufig der Sozialtechnik der Emotionalen Konditionierung (siehe Kapitel 2 Werbestrategie).

Oftmals wird auch lediglich die Klimawirkung von Bildern eingesetzt. Hierbei besteht das Ziel nicht darin, spezifische emotionale Erlebnisse, sondern diffuse Emotionen im Sinne von Stimmungen zu vermitteln. Es soll ein angenehmes Wahrnehmungsklima beim Betrachter erzeugt werden. Der emotionale Bildreiz bleibt bewusst im Hintergrund.

Personenabbildungen in der Werbung

Personen oder Personenbilder spielen in der Werbung eine wesentliche Rolle. Man unterscheidet generell zwei Arten von Personendarstellungen:

- Personen ohne direkten Produktbezug (dekorative Modelle)
- Personen mit direktem Produktbezug

Die zweite Kategorie, Personen mit direktem Produktbezug, lässt sich weiter differenzieren:

- Personen mit Präsenter-Funktion
  - Stars (zum Beispiel Franz Beckenbauer, Manfred Krug etc.)
  - Experten (zum Beispiel die Zahnarztfrau etc.)
  - Repräsentanten des werbetreibenden Unternehmens (zum Beispiel Dr. Best, Herr Dittmeyer etc.)

- Typische Konsumenten (Der Jever-Typ auf der Düne)
- Personen in einer Konsum-Situation
- Angehörige der Zielgruppe (die nach dem Grund für ihre Kaufentscheidung Befragte im Supermarkt).

Personendarstellungen übernehmen in der Werbung eine Vielzahl von Funktionen. Nachfolgend werden die wichtigsten genannt:

- Steigerung der Glaubwürdigkeit und Akzeptanz
- Schaffen von Authentizität
- Vorbildfunktion (so möchte ich auch sein/aussehen)
- Rein dekorative Aspekte
- Identifikation der Marke über eine Person
- Vermitteln emotionaler Stimmungen (Gestik und Mimik)
- Generieren von Aufmerksamkeit
- Zielgruppenansprache/-selektion durch Abbildung der Zielgruppe

Sollten Abbildungen von Personen eingesetzt werden, ist aus Kostengründen darauf zu achten, dass die Abbildungen aus einer lizenzfreien Datenbank stammen!

Musik in der Werbung

Durch die zunehmende Bedeutung von Rich-Media-Formaten in der Online-Werbung wird der Einsatz von Musik bedeutender. Musik ist eines der elementarsten Stilmittel zur Erzeugung von Emotionen und Stimmungen. Sie sollte auf die kommunikativen emotionalen Stimmungselemente (zum Beispiel Freude) und/oder Zielgruppen (zum Beispiel Jugendkulturen/Einsatz von Rap-Musik) zugeschnitten sein. Neben „Ganzuntermalungen“, deren Ziel darin besteht, ein positives Wahrnehmungsklima zu erzeugen, spielen auch spezifische Jingles oder reduzierte Tonfolgen eine wesentliche Rolle (zum Beispiel Melodie des Chipherstellers Intel oder Telecom-Jingle). Hier besteht das primäre Ziel darin, die Einprägsamkeit und Wiedererkennung zu erhöhen. Ebenfalls ist zu bedenken, dass bei auditiv-visuellen Medien oftmals während der Werbephase lediglich der Ton verfolgt wird. Eine eingängige Erkennungsmelodie kann hilfreich sein, um Aufmerksamkeit und Wiedererkennung zu generieren. Vor allem bei cross-medialen Kampagnen zwischen Fernsehen (Hauptmedium) und Hörfunk (Beimedium/zeitlich versetzt) bietet sich der Einsatz prägnanter Erkennungsmelodien an, um visuelle Defizite des Hörfunks wettzumachen. Im Fernsehen gelernte Bilder sollen beim Hörer abgerufen werden. Diese auditive Werbeverlängerung ist auch in das Internet möglich. Abschließend sei zu erwähnen, dass die akustische Aktivierungsfunktion in der Regel über Lautstärke erzielt wird, was endlich die Frage beantwortet, warum im TV der Werbeblock immer lauter ist als das reguläre Programm.

Werbetext und Branding

Bei Werbetexten lassen sich generell zwei Arten unterscheiden:

- Informationslastiger argumentativer Werbetext
- Aufmerksamkeitswirksamer emotionaler Werbetext

Welche Form des Textes nun zu empfehlen ist, hängt vom redaktionellen Umfeld ab, in dem der Werbetext platziert wird. Das Marktforschungsunternehmen ComCult Research führte zu den Variablen Werbetext und Buchungsumfeld die folgende Analyse durch. Es wurden zwei fiktive Produkte kreiert:

- Money.Check: Eine Finanzzeitschrift
- Prof. Hirthe Hustenstop: Ein Hustenmittel

Zu jedem der beiden Produkte wurde ein argumentatives und ein emotionales Werbebanner im Standardformat 468 × 60 Pixel mit folgenden Texten entworfen:

- **Money.Check**

Image:
Riesterrente nicht verstanden?
Keine Angst!
Wir helfen Ihnen durch den Rentendschungel.
Money.Check – Die Finanzzeitschrift, die sich rechnet.

Argument:
Riesterrente Spezial: von der Grundidee bis zu steuerlichen Feinheiten
... zeigt Ihnen mit zehn Beispielen unterschiedliche Rentenmodelle
... enthält eine detaillierte Liste der staatlich geförderten Versicherungsangebote
... nennt Ihnen die besten Riester-Berater in Ihrer Nähe

- **Prof. Hirthe Hustenstop**

Image:
Erwischt?
Keine Angst!
Wir schlagen Ihren Husten in die Flucht
Prof. Dr. Hirthe Hustenstop
Natur Pur

Argument:
Antibakteriell schleimlösend hochwirksam ohne Alkohol
Thymian wirkt antibakteriell und krampflösend auf Ihre Bronchien
Wirksames Sekretolytikum aus Pflanzenextrakten befreit Sie von Hustenschleim
Schont Ihren Körper durch Verzicht auf Alkohol und Codein

Die vier Werbemittel wurden in drei unterschiedlichen Rubriken der Website www.stern.de geschaltet. Es ergaben sich somit zwölf Kombinationsmöglichkeiten. Unter folgenden Rubriken wurde die Werbung platziert:

- Unterhaltung: Model-Contest
- Wirtschaft: Artikel zur Risterrente
- Wissenschaft: Artikel zu Husten

Die Untersuchungen von ComCult Research ergaben, dass weder Argumentation noch Image pauschal präferiert werden. Passt die Website thematisch zum beworbenen Produkt, wirken argumentative Banner besser. Ist die Website jedoch thematisch different zum beworbenen Produkt, erzielen Image-Banner höhere Click-Through-Rates. In diesem Fall macht es auch keinen Unterschied, ob das Finanzbanner in der Rubrik Wissenschaft oder Unterhaltung geschaltet wurde. Ferner ergab die Untersuchung, dass thematisch abgestimmte Ads auch Zielgruppen erreichen, die in der Regel eher verhalten auf Online-Werbung reagieren. In anderen Konstellationen war das nicht der Fall.

Ein weiterer wichtiger Faktor ist die Platzierung des Brands beziehungsweise der Marke. Die Marke sollte unter Verwendung des gestaltungsfesten Firmen- oder Produkt-Logos genannt werden. Diese einheitliche Kommunikation erhöht die Erinnerungsleistung bei Mehrfachkontakten. Es ist zu bedenken, dass neben den AdClicks den AdImpressions eine beachtliche Bedeutung zukommt. Der Nutzer hat das Werbemittel zwar nicht angeklickt, er hat es doch gesehen. Bei diesen reinen Sichtkontakten hat man die Möglichkeit, Branding-Effekte zu erzielen. Man erhöht damit die Markenbekanntheit, beeinflusst das Markenimage und gelangt im Idealfall in das Relevant Set der Konsumenten.

Farbton/Farbgebung

Ein Werbemittel, dass nicht gesehen wird, kann nicht wirken. Es ist somit wichtig, die Farbgebung eines Werbemittels mit der Farbgebung der Werbeträgersite abzustimmen. Ein blaues Banner setzt sich auf einer grauen Website beispielsweise gut ab und wirkt angenehm, auf einer ebenfalls blauen Site würde es jedoch nicht wahrgenommen werden. Diese Abstimmung ist besonders bei seitenübergreifenden Schaltungen eines Werbemittels von Bedeutung.

Ferner sollte bei der farblichen Gestaltung von Online-Werbemitteln das Equipment des Nutzers berücksichtigt werden. Kann der Rechner eines Nutzers beispielsweise nur eine begrenzte Anzahl an Farben darstellen, werden Farben aus einer umfangreicheren Farbpalette verfälscht dargestellt.

Nach psychologischen Aspekten werden Werbemittel vom Betrachter als Ganzes wahrgenommen. Sie müssen daher in sich stimmig und somit konsistent sein. Bei der Werbegestaltung gilt wie im Produktmarketing, die Störung geht vom Detail aus! Ist ein Teil der Werbung nicht stimmig, die Werbung somit inkonsistent, kippt das Gesamterlebnis. Es sollten somit CI-Farben (Corporate Identity) und CI-Schriften eines Unternehmens verwendet werden. Werbemittel werden oftmals nur unbewusst wahrgenommen. Ein hoher Identifikationsfaktor der Werbung mit dem Unternehmen ist somit bedeutsam.

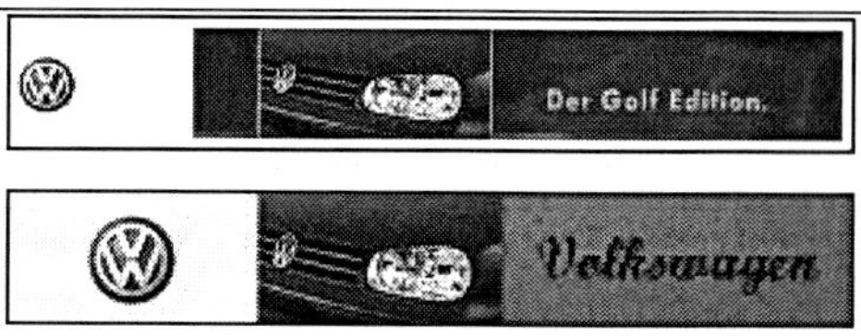

Abbildung 29: CI-Gestaltung eines Werbemittels

Hierzu ein Beispiel:

Fragen Sie sich selber, welches der folgenden Werbemittel (Abbildung 29) wohl eher der Volkswagen AG zugeordnet wird.

Wichtig ist auch die **Tonalität** (Flair) eines Werbemittels. Soll beispielsweise ein markanter Herrenduft beworben werden, sollten keine femininen Farben wie rosa, lila etc. verwendet werden.

Das Werbemittel ist somit von der farblichen Gestaltung auf das Unternehmen, das Produkt, die Werbeträgersite und das Equipment des Nutzers abzustimmen.

Werbemittelanimation

Die eingesetzten Werbemittel sollten in jedem Fall animiert werden. Zum einen steigert man auf diese Weise die Aufmerksamkeit (durch physische Bewegung) und zum anderen wird die recht kleine Gestaltungsfläche durch das Anzeigen mehrerer Sequenzen vergrößert. Ferner lässt sich Animation zum Aufbau eines Spannungsbogens verwenden, der den Betrachter fesselt und die Betrachtungszeit steigert. Schrill-bund-blinkende Werbemittel sind jedoch abzulehnen. Sie wirken unseriös und aufdringlich. Die Werbemittelanimation sollte unter Verwendung des Formates Flash erfolgen. Mit Flash lassen sich Überblendeffekte zwischen einzelnen Sequenzen sowie Textanimationen professionell arrangieren.

Thema der Werbeträgersite

Nach dem Thema einer Website wird zwischen sogenannten Special- und Common-Interest-Sites unterschieden (siehe vorangegangene Ausführungen). Auf Special-Interest-Sites surfen Nutzer, die sich für die dort angebotenen Themen (zum Beispiel Reiten) interessieren. Ihr Involvement ist hoch. Konfrontiert man diese Nutzer mit einer thematisch abgestimmten Werbung, so wird ihr Involvement auch für diese Werbung eher hoch sein. Sie haben somit bestimmte Erwartungshaltungen an die Informationsdarbietung. Ihr Interesse muss nicht erst durch einen „Paukenschlag“ geweckt werden. Hier zählen sachliche Werbemotive (nach Möglichkeit Produktabbildungen), ein informativer/argumentativer Werbetext sowie ein generell eher dezentes und überzeugendes Auftreten des Werbenden (siehe ComCult-Casestudy zum Werbetext).

Auf Common-Interest-Sites (zum Beispiel www.wetter.com) hingegen surfen Nutzer, die beispielsweise nicht gerade auf der Suche nach Automobilen sind (sonst hätten sie wohl eher Sites wie www.mobile.de oder www.volkswagen.de aufgerufen). Für den Werbetreibenden bedeutet dies, dass er durch geschickt gestylte Werbemittel erst das Interesse des Nutzers für sein Thema wecken muss. Die hier geschaltete Werbung muss somit über ein stark aktivierendes Werbemotiv und eine auffällige Farbgebung verfügen. Sachliche Produktabbildungen sind eher ungeeignet. Es empfiehlt sich, emotional-aktivierende Personenabbildungen einzusetzen. Die Werbetexte sollten nicht argumentativ oder informierend, sondern eindeutig emotional sein. Direkte Ansprachen wie HALT, ERWISCHT, KEINE ANGST etc. sind ansprechend und aufmerksamkeitsstark; ihr Einsatz wird auf diesen Sites empfohlen. Auf Special-Interest-Sites sind solche Phrasen sowie stark aktivierende Werbemotive eher kontraproduktiv. Nutzer dieser Sites wollen sich sachlich informieren.

Zwischenfazit

Auf zielgruppenaffinen Werbeträgersites werden andere Werbemittel benötigt als auf nicht zielgruppenaffinen. Es lässt sich festhalten:

- Special-Interest-Site/zielgruppenaffin:
  - Dezente Farbgebung
  - Sachliches Werbemotiv
  - Argumentativer informierender Werbetext
- Common-Interest-Site/nicht zielgruppenaffin:
  - Auffällige Farbgebung
  - Aktivierendes Werbemotiv
  - Emotionaler Werbetext

Call to Action (Handlungsaufforderungen)

Handlungsaufforderungen wie >hier klicken< besitzen unumstritten einen hohen Aufforderungscharakter. Sollte mit dieser Offerte nicht auf ein interaktives Schaltelement innerhalb des Werbemittels (zum Beispiel Pull-Down-Menü) hingewiesen werden, sondern lediglich auf das Werbemittel selber, so sind diese Aufforderungen eindeutig abzulehnen. Selbst der unerfahrenste Nutzer weiß, dass er ein Werbemittel anklicken muss, um weitere Informationen zu erhalten beziehungsweise zur verlinkten Website des Werbetreibenden zu gelangen. Call to Actions wirken in diesem Fall unseriös und aufdringlich, zumal sie oftmals noch blinken. Sollten sie den Nutzer nicht auf Besonderheiten des Werbemittels aufmerksam machen, sind sie eine reine Verschwendung der knappen Gestaltungsfläche eines Online-Werbemittels.

Verlinkung

Zur Kreation eines Online-Werbemittels gehört auch die programmiertechnische Integration eines Hyperlinks. Der Hyperlink ist der Clou der Online-Werbemittel. Der Nutzer braucht nur einen Klick zu tätigen, und schon gelangt er auf die Website des Werbetreibenden. Man muss jedoch nicht nur definieren, wo in den Weiten des Netzes man die Nutzer abholen will (Werbeplatzierung), sondern man muss auch definieren, wo man sie hinschicken will! Im Internet sind aufgrund der vielfach beschriebenen Low-Involvement-Situation verbunden mit der Ungeduldigkeit vieler Nutzer jeder Klick und jede Sekunde wertvoll. Wird in einem Banner beispielsweise ein neues Fahrzeug beworben, erwartet der Nutzer, wenn er auf dieses Banner klickt, dass er sofort weitere Informationen zu diesem Modell bekommt (ein Link, der direkt zum beworbenen Inhalt führt, wird DeepLink genannt). Wird das Fahrzeug beispielsweise auf einer Unterrubriksite (zum Beispiel Showroom) beworben, wäre es fatal, das Werbemittel mit der Startsite zu verlinken. In diesem Fall müsste der Nutzer weitere Klicks tätigen, um an sein Ziel zu gelangen. Bei einer solchen Navigationsführung würden viele Interessierte abspringen. Der Nutzer erwartet „mundgerechte“ Informationen sowie eine „mundgerechte“ Navigationsführung.

Interaktive Gestaltungselemente

Interaktive Gestaltungselemente (zum Beispiel Mouse-Over-Funktionen, Pull-Down-Menüs, Roll-Out-Button etc.) bieten dem Nutzer einen echten informativen Mehrwert. Die Integration solch spielerischer Elemente animiert den Nutzer dazu, sich mit einer Werbung auseinander zu setzen; ein Low-Involvement-Kontakt kann somit zu einem High-Involvement-Kontakt werden. Interaktive Elemente nutzen die Möglichkeiten des Internets optimal; ihr Einsatz ist zu empfehlen. Es ist jedoch darauf hinzuweisen, dass viele Nutzer durch die Existenz von Fakes verhalten auf interaktive Aktionselemente reagieren.

Abschließend noch einige grundlegende Informationen aus Eigenerfahrungen. Sollen in einer Werbekampagne Produktabbildungen, Firmenschriftzüge, Markenzeichen, Logos etc. verwendet werden, so liegen diese dem Unternehmen in der Regel bereits in digitaler Form vor. Es bietet sich somit an, diese den Kreativen zur Transparenzsteigerung, Kostensenkung und Unterstützung in einer Datenbank zur Verfügung zu stellen.

Zur Gewährleistung einer problemlosen Kampagnenschaltung sollte ein permanenter Abstimmungsprozess zwischen der Kreativ- und der Media-Agentur stattfinden und vom Werbetreibenden forciert werden, weil es im Bezug auf die Speichergröße eines Werbemittels (zum Beispiel Voll-Banner maximal 15 KB), die Programmiersprache (Gif, Flach, Shockwave etc.), die Verlinkung sowie die Integration von Tag-Befehlen zwischen den einzelnen AdServer-Systemen und Werbeträgersites unterschiedliche Anforderungen gibt. Die Vermarkter stellen daher zu Abstimmungszwecken eine Liste zum Thema „technische Anforderungen der Werbemittelgestaltung" zur Verfügung, die akribisch Beachtung finden sollte!

Aus betriebswirtschaftlichen Gründen sollten auf die Werbemittelproduktion nicht mehr als 10 Prozent der Schaltungskosten entfallen. Durch eine solche Festlegung diszipliniert man sich und stellt sicher, dass sich die Werbemittelproduktion auch „bezahlt" macht.

Banner lassen sich aber auch ohne jegliches Budget erstellen, mit dem kostenlosen Banner-Generator im Internet (www.banner.de). Dort können Texte eingegeben werden, Schriftarten und Farben gewählt werden, vorgefertigte Bilder genutzt oder eigene Bilder hochgeladen werden usw. Das Tool ist sehr schön und funktional. Einziger Nachteil, der Banner-Generator ist recht stark frequentiert, weshalb in der Nutzung auf Randzeiten auszuweichen ist.

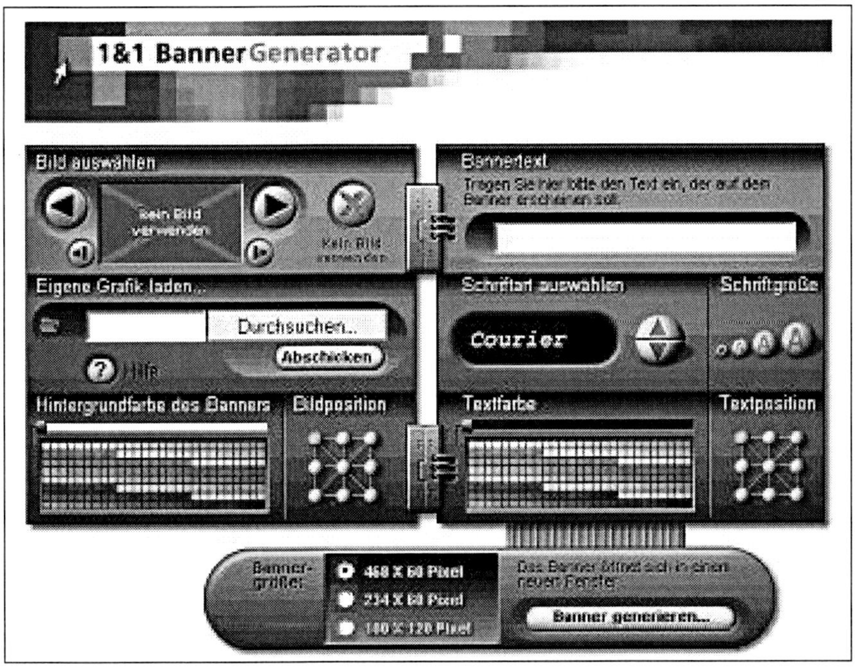

Abbildung 30:
Banner Generator auf
www.banner.de

Empfehlungen/Checkliste

Abschließend werden Gestaltungsempfehlungen gegeben, die sich in der Praxis bewährt haben und als Checkliste dienen sollten.

Eine Werbung sollte aufmerksamkeitsstark sein!
Eine Werbung, die nicht gesehen wird, kann nicht wirken. In Zeiten der Informationsüberlastung muss sich der Werbetreibende mit seiner Werbung aus der Werbemasse hervorheben, um wahrgenommen zu werden. Die Werbung sollte daher aufmerksamkeitsstark im Sinne von aktivierend sein.

Eine Werbung sollte prägnant sein!
Da viele Werbungen aufgrund der vorherrschenden Low-Involvement-Situation heutzutage nur sehr flüchtig wahrgenommen werden, sollten sie prägnant im Sinne von gestaltungsfest sein (vgl. Theorien zu Gestaltungsfestigkeit).

Eine Werbung sollte eigenständig sein!
Werbebilder sollten so gewählt werden, dass sie eigenständig und nicht austauschbar sind. Der Grund hierfür liegt darin, dass vom geringinteressierten Betrachter meist nur die Bildelemente wahrgenommen werden. Eine Untersuchung ergab, dass sich 70 Prozent aller Blickkontakte auf das Werbebild beschränken, 20 Prozent der Probanden gaben an, zusätzlich die Headline zu lesen. Diese Zahlen müssen jedoch um die Tatsache ergänzt werden, dass insgesamt nur etwa 5 Prozent der Werbung von den Konsumenten wahrgenommen werden. Fehlt es bei der Gestaltung an Eigenständigkeit, kann der erinnerten Werbung keine Marke zugeordnet werden. In diesem Fall hat der Werbetreibende sein Ziel verfehlt.

Eine Werbung sollte eingängig sein!
Die Werbebotschaft sollte so verpackt werden, dass sie eingängig ist und langfristig vom Konsumenten abgespeichert wird. Dieser Punkt soll durch ein ausgewähltes Praxisbeispiel von Calgon erläutert werden. Im deutschsprachigen Raum wirbt die Firma Calgon mit einem „vergleichenden" Fernsehspot. Es werden zwei Spülmaschinenheizstäbe gezeigt: Der eine ist verkalkt (diese Maschine wurde ohne Calgon betrieben), der andere ist blank (diese Maschine wurde mit Calgon betrieben). Dieser Vergleich ist jedoch rein visuell. Der englische Calgon-Spot hingegen wurde modifiziert und um akustische Merkmale erweitert. Hier werden die unterschiedlichen Heizstäbe ebenfalls im Vergleich gezeigt. Im Weiteren wird jedoch versucht, unter lautem markerschütterndem Schaben vom verkalkten den Kalk zu entfernen; der blanke hingegen wird wie eine Stimmgabel zum Klingen gebracht. Durch diese Erweiterung wurde die Einprägsamkeit und Eingängigkeit der Werbebotschaft deutlich gesteigert.

Eine Werbung sollte konsistent sein!
Eine Werbung sollte in sich stimmig und somit konsistent sein. Wird beispielsweise ein markanter Herrenduft beworben, sollte keine feminine Tonalität (zum Beispiel rosa oder lila) gewählt werden. Bei Kinderprodukten für den Schulbedarf bietet es sich beispielsweise an, eine Schreibschriftform zu verwenden. Ferner sollten im Bereich der Druckerzeugnisse die gewählten Materialien unter dem Aspekt der Generierung haptischer Erlebnisse Beachtung finden. Ein Bioprodukt sollte somit beispielsweise auf Recyclingpapier beworben werden. Für Luxusprodukte hingegen sollte ein Hochglanzpapier mit einer entsprechenden Stärke verwendet werden. Der Konsument nimmt die Werbung als Ganzes war. Hier gilt: Die Störung geht vom Detail aus. Ist ein Element der Werbung nicht stimmig (die Werbung somit nicht konsistent), kippt das Gesamterlebnis.

Empfehlungen/Checkliste (Fortsetzung)

- **Eine Werbung sollte Spaß machen!**
Werbung besitzt immer einen gewissen Unterhaltungswert, zumindest sollte sie das. Werbung soll Spaß machen, sie soll dem Konsumenten Freude bereiten und eventuell ein wenig Farbe in den grauen Alltag bringen und nicht anstrengend und langweilend sein. Werbung sollte daher dem Motto folgen „let me entertain you" und durch spielerische Elemente den Konsumenten zu einer wie auch immer gearteten Interaktion animieren, vor allem im Internet (interaktives Medium).

- **Mit Werbung Themen besetzen!**
Ein gutes Beispiel, aktuelle Themen aufzugreifen oder selber vorzugeben und sich damit in der Öffentlichkeit ins Gespräch zu bringen, ist das Krombacher Regenwald-Projekt, bei dem Teile des Verkaufserlöses zur Erhaltung des Regenwaldes verwandt wurden. Die aus dem TV bekannte Kampagne wurde im Internet auf Web.de verlängert.

Werbemittelselektion

Die Wahl des geeigneten Werbemittels hängt von den Werbe- beziehunsgweise Kommunikationszielen ab. Den gezeigten Beispielen zu den Werbemitteln lassen sich hier bereits Anregungen entnehmen.

Schaffen von Aktualität:

Bei der Schaffung von Aktualität gilt es, Auffälligkeit und eine hohe Bekanntheit zu erzielen. Zur Erreichung von Auffälligkeit sollte ein entsprechend aufmerksamkeitsstarkes Werbemittel verwendet werden (beispielsweise Pop up, Layer-Ad, Super- oder Interstitial). In jedem Fall jedoch ein durch Bewegung animiertes Werbemittel.

Um Bekanntheit zu erreichen, muss mit der Schaltung eine hohe Reichweite sprich eine hohe Anzahl an AdImpressions (Werbemitteleinblendungen) erzielt werden. Da sich dies selbstredend auf die Schaltungskosten auswirkt, sollten zur Schaffung von Aktualität Werbemittel eingesetzt werden, die in der Schaltung preisgünstig sind. Sehr aufmerksamkeitsstarke Werbemittel wie Pop ups, Superstitials etc. sind in ihrer Schaltung zu kostspielig, um sie für den Reichweitenaufbau einzusetzen. Ferner bieten sie Möglichkeiten, die zur bloßen Schaffung von Aktualität nicht benötigt werden, jedoch bezahlt werden müssen. Zudem sind die Werbemittelproduktionskosten dieser auffälligen und multimedialen Werbemittel sehr hoch. Es empfiehlt sich daher, doch eher das klassische und vor allem kostengünstigere Banner einzusetzen, da der Reichweite ein höherer Stellenwert als der Auffälligkeit zukommt. Um dem Auffälligkeitsanspruch jedoch teilweise gerecht zu werden, sollte zumindest ein stark animiertes (und somit auffälliges) Banner eingesetzt werden. Wir empfehlen das bereits beschriebene Flying-Banner, das sich beim Seitenaufbau quer über die gesamte Website bewegt und damit das Interesse des Nutzers auf sich zieht.

Vermitteln von Informationen:

Zur Vermittlung von Informationen sind interaktive Banner, wie sie bereits vorgestellt wurden, sehr zu empfehlen. Die Integration von Schaltflächen, Mouse-Over-Funktionen oder von Pull-Down-Menüs mit Auswahlboxen bieten dem Nutzer einen echten informativen Mehrwert.

Schaffen von Emotionalität:
Zur Schaffung von Emotionalität sind bewegte Bilder und Sound prädestiniert. Hier sollte daher ein stark multimediales Werbemittel wie das Superstitial eingesetzt werden, das den Nutzer nicht mit Ladezeiten konfrontiert. Pop ups sind ebenfalls gut zur Schaffung von Emotionalität geeignet, da sie eine höhere Datenmenge als Banner beinhalten können. Es lassen sich somit mehr, größere und qualitativ bessere Bildelemente integrieren.

Die genannten Empfehlungen sind jedoch nicht bindend, sondern eher generelle Tendenzen. Es gibt in der Praxis durchaus sehr gute emotionale Banner usw. Hier ist immer auch ein gutes schlüssiges Kreativkonzept gefragt.

Eigenuntersuchungen ergaben, dass die Auffälligkeit eines Werbemittels auf nicht zielgruppenaffinen Websites (Common- oder General-Interest-Sites) bedeutender als auf zielgruppenspezifischen Websites (Special-Interest-Sites) ist. Mehr noch, auf Special-Interest-Sites ist eine zu starke Auffälligkeit mitunter gar kontraproduktiv. In der Praxis findet daher auf zielgruppenaffinen Sites in der Regel eine Banner- und auf nicht zielgruppenaffinen Sites eine Pop up-Schaltung statt. Die Wahl des Werbemittels ist somit nicht nur von den Kommunikationszielen, sondern auch von der Zielgruppenaffinität einer Schaltung abhängig!

Der Ausstrahlungseffekt von Werbung wurde bereits angesprochen. Nicht nur die Werbebotschaft führt im Internet zu Ausstrahlungseffekten, sondern auch die gewählte Werbeform selbst. Pop up-Werbungen und sehr großflächige Werbungen gelten als eher unseriös und belästigend. Schlichte Banner-Werbungen hingegen gelten eher als dezent, seriös, akzeptabel, vertrauenswürdig etc. Einige Werbeformen könnten sich daher rein aufgrund des Firmen- oder Produktimages verbieten. Packt der Werbende andererseits den „Holzhammer" aus, kann das auch positive Imagewirkungen haben und von Selbstbewusstsein zeugen: *„Hier stehe ICH, ICH habe etwas zu sagen, alle anderen haben jetzt Pause ... ".*

Die Tatsache, dass die Werbemittel Imagewirkungen haben, spiegelt sich auch in den buchbaren Werbeformen auf Werbeträgersites wider. Beansprucht eine Website beispielsweise für sich, sehr konservativ und/oder seriös zu sein, wird sie beispielsweise keine Interstitialwerbung offerieren, um keine Nutzer zu verprellen.

Es ist festzuhalten:
Nicht jedes Werbemittel ist auf jeder Werbeträgersite schaltbar!

Muss der Werbetreibende aus unternehmenspolitischen Gründen auf bestimmten Websites mit seiner Werbung präsent sein, können die infragekommenden Werbemittel somit bereits durch die Selektion der Werbeträgersite vorgegeben sein. Es ist deutlich geworden, dass die Wahl eines Werbemittels **nicht isoliert** von der Wahl der Werbeträgersite durchgeführt werden kann, weil die Variablen miteinander korrespondieren!

4. Werbeträger

Jede Werbekampagne, egal ob Online oder Offline, besteht immer aus zwei Variablen, dem Werbemittel und der Werbeplatzierung sprich dem Werbeträger. Nachdem im vorangegangenen Kapitel ausführlich die Werbemittel beschrieben wurden, geht es nun um die Werbeträger. Das Kapitel untergliedert sich dabei in:

- Werbeschaltungen auf konventionellen Werbeträgersites
- Werbeschaltungen auf Suchmaschinen
- Werbemöglichkeiten durch Weblogs oder Blogs

Werbeschaltungen auf konventionellen Werbeträgersites

Da es derzeit in Deutschland etwa 2.500 Werbeträgersites gibt, kann es nicht das Ziel dieses Leitfadens sein, Unternehmen X zu sagen, es soll auf Website Y werben. Vielmehr besteht das Ziel darin, generelle Aspekte der Selektion einer Werbeträgersite zu betrachten.

Internetseiten lassen sich grundsätzlich nach zwei Kriterien unterscheiden, nach ihrem Thema und nach ihrer Nutzungsintensität.

Nach dem Thema einer Website unterscheidet man zwischen sogenannten Common-Interest-Sites und Special-Interest-Sites. Common-Interest-Sites sind Websites, die aufgrund ihres thematischen Inhalts keine Zielgruppeneinschränkung zulassen. Beispiele wären Portal-Sites wie T-Online oder AOL aber auch Sites wie rtl.de oder wetter.com. Special-Interest-Sites hingegen widmen sich einem festabgegrenzten Themenkomplex, wie beispielsweise Reisen, Automobile, Angeln, Reiten etc. Diese Websites verfügen somit über eine bestimmte homogene Nutzerschaft und ermöglichen dadurch eine exaktere Zielgruppenansprache. Wer sich nicht für den Reitsport interessiert, wird auch keine Website zu diesem Thema aufrufen, folglich mit einer bestimmten Art von Werbung, die nicht für ihn bestimmt ist, auch nicht konfrontiert. Diese Tatsache ist von großem Vorteil. Da bekanntlich jeder Werbekontakt (AdImpression) Geld kostet, ist es das Ziel der Mediaplaner, die Streuverluste zu minimieren. Diese Zielgruppenhomogenität hat jedoch ihren Preis; Buchungen auf Special-Interest-Sites sind teurer als Buchungen auf Common-Interest-Sites. Common-Interst-Sites hingegen verfügen durch ihren meist höheren Bekanntheitsgrad über eine größere Reichweite.

> Es lässt sich somit festhalten, dass pauschal weder Special- noch Common-Interest-Sites zu präferieren sind.

Die **Nutzungsintensität einer Website** errechnet sich, indem man die PageImpressions durch die Visits teilt. Eine PageImpression wird gezählt, wenn eine Website von einem Nutzer aufgerufen wird. Werden auf einer Website zehn PageImpressions gezählt, kann nicht gesagt werden, ob zehn Nutzer je einmal geklickt haben oder ob ein Nutzer zehnmal geklickt hat. Aus diesem Grund werden zusätzlich Visits gezählt. Ein Visit wird gezählt, wenn ein Zugriff „von außen" auf ein Webangebot erfolgt. Klickt sich der Nutzer im Weiteren durch diverse Unterrubrikseiten der Website, werden weitere PageImpressions jedoch keine weiteren Visits gezählt! Die Anzahl der Visits gibt somit näherungsweise Auskunft über die Anzahl an Nutzern, die sich hinter den Klicks verbergen. Werden auf einer Website in einer Woche 7.000 PageImpressions und 1.000 Visits gezählt, beträgt die Nutzungsintensität der Website sieben. Das Ergebnis lässt sich wie folgt interpretieren: Jeder Nutzer hat in diesem Zeitraum durchschnittlich siebenmal innerhalb des Angebots geklickt. Aus der Praxis gesehen würde dies einem guten Wert entsprechen.

Nach der Kennzahl „Nutzungsintensität" kann zwischen sogenannten Going-Through-Sites und Going-To-Sites unterschieden werden. Going-Through-Sites sind reine Navigationsseiten. Sie werden mit dem Ziel aufgerufen, sie wieder zu verlassen. Going-Through-Sites sind durch eine geringe Nutzungsintensität gekennzeichnet. Going-To-Sites hingegen sind echte Zielseiten, auf denen der Nutzer arbeitet. Ihre Nutzungsintensität ist höher.

Aufgrund dieser Tatsache sowie der meist längeren Verweildauer sind Going-To-Sites gegenüber Going-Through-Sites für werbliche Maßnahmen zu bevorzugen.

Neu ist das Verfahren der Ermittlung von **Gross Duration Points** (GDP). GDP errechnen sich wie folgt:

$$\text{GDP} = \frac{\text{Bruttoreichweite}}{\text{(PageImpressions)}} \times \frac{\text{Verweildauer}}{\text{(hier Session-Time)}}$$

Eine hohe Anzahl an GDP ist ebenfalls ein Indiz für eine Going-To-Site. Ermittelt werden GDP beispielsweise von Nielsen Netratings.

Sollte ein Werbetreibender die für sein Produkt oder Unternehmen relevanten Special-Interest-Sites nicht kennen, so werden die folgenden Websites empfohlen:

- www.ivwonline.de
- www.onlinewerbeplanung.de

www.ivwonline.de

Auf der Website der *„Informationsgemeinschaft zur Feststellung der Verbreitung von Werbeträgern"* sind über 400 der wichtigsten deutschen Werbeträgersites alphabetisch sowie nach Kategorien (zum Beispiel Reisen, Sport, Wirtschaft etc.) gelistet. Ferner kann nach Special- und Common-Interest-Sites selektiert werden. Zusätzlich werden zu jeder Website Kennzahlen wie Visits, PageImpressions, Nutzungsintensität sowie die prozentuale Entwicklung zum Vormonat aufgezeigt. **Die Nutzung der IVW-Website und die Datenbankabfragen sind kostenlos!!!** Die folgenden Abbildungen zeigen Screenshots der Site www.ivwonline.de.

Abbildung 31 zeigt die Gesamtdaten zur Website Absatzwirtschaft-Online. Es lassen sich jedoch auch Unterrubriken (zum Beispiel Wissen, Business, Karriere etc.) auswerten. Der folgenden Abbildung 33 (zeigt den weiteren unteren Teil von Abbildung 32) ist zu entnehmen, dass die Daten

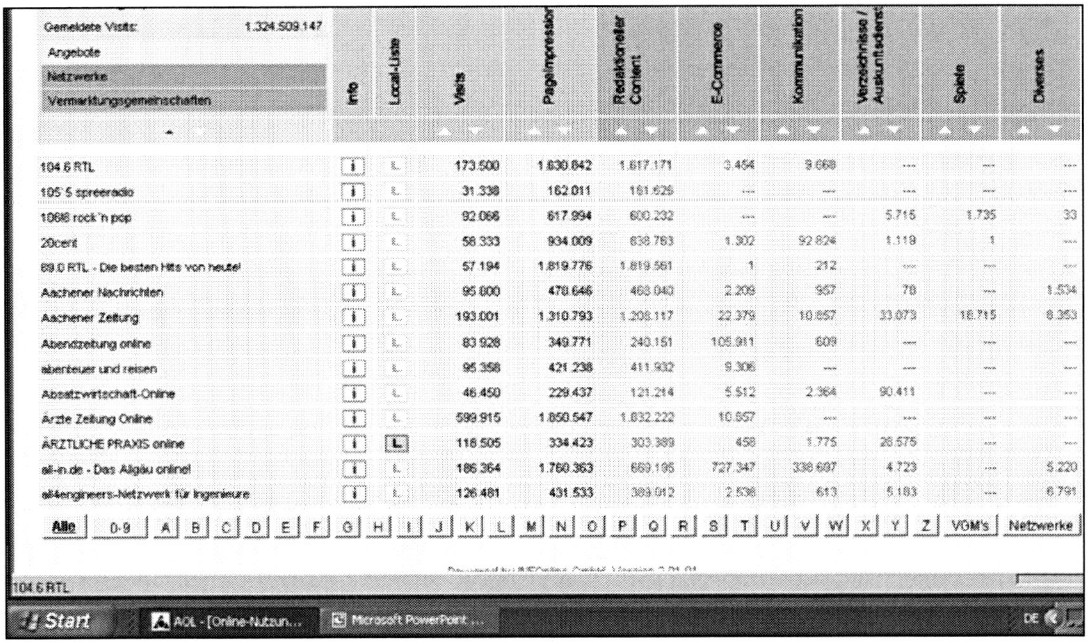

Abbildung 31: IVW-Online/Übersicht

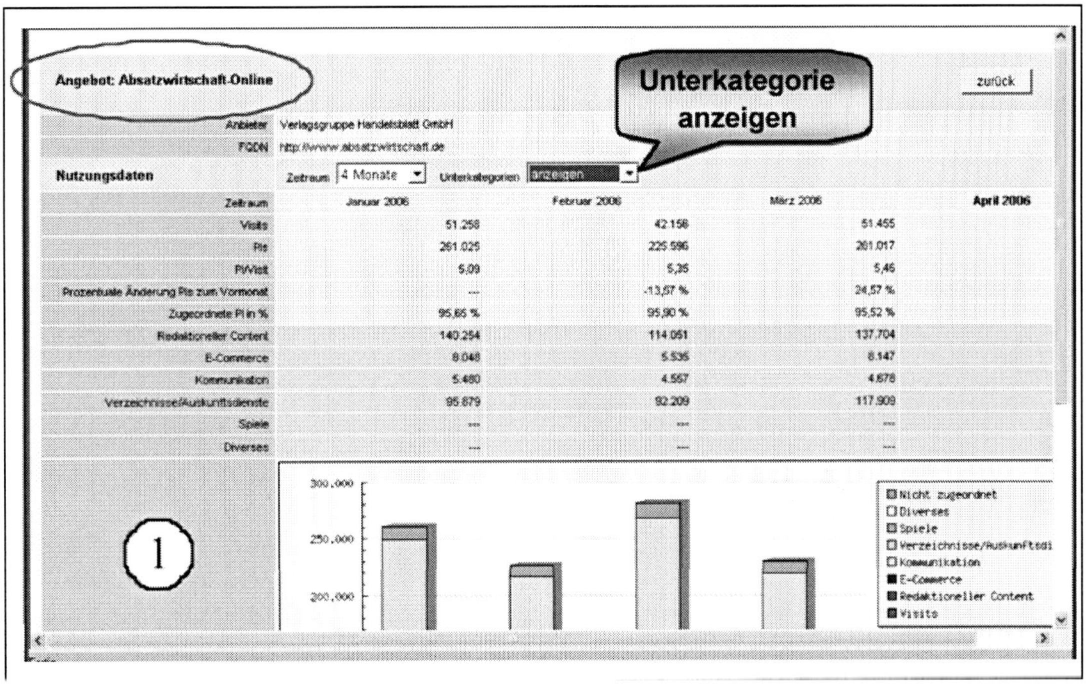

Abbildung 32: IVW-Online/Daten für die Website „Absatzwirtschaft-Online”

und Grafiken direkt zur Weiterverarbeitung nach Excel exportiert werden können (Download-Funktion).

www.onlinewerbeplanung.de

An dieser Stelle soll die ebenfalls bereits im Kapitel 1 beschriebene Website www.onlinewerbeplanung.de vorgestellt werden. Wie bei der IVW lassen sich hier potenzielle Werbeträger-Websites nach Rubriken auswählen. Pro Website werden zu den IVW-Daten weiterführende Daten (zum Beispiel eine Kurzcharakteristik der Website, Angaben über buchbare Werbeformate etc.) angezeigt.

Wie bei IVW-Online ist auch hier die Nutzung kostenlos, was uns sehr freut!

Generell sei darauf hingewiesen, dass es auch nützlich sein kann, sich zur Selektion von Special-Interest-Sites an einschlägigen Offline-Titeln zu orientieren. Mittlerweile ist fast jedes Magazin oder jede Fernsehsendung mit einer Website im Netz vertreten. Diese Websites sind aufgrund der Orientierung vieler Nutzer an Offline-Titeln meist bekannter als Titel, die exklusiv im Netz präsent sind. Diese Online-Offline-Verbindung eignet sich auch sehr gut für Konvergenzwerbung, sprich für ein intermediales Gesamtwerbekonzept zwischen dem Internet und den Publikumszeitschriften. Die folgende Abbildung 35 zeigt Beispiele der Online-Präsenz von Stern und TV Today.

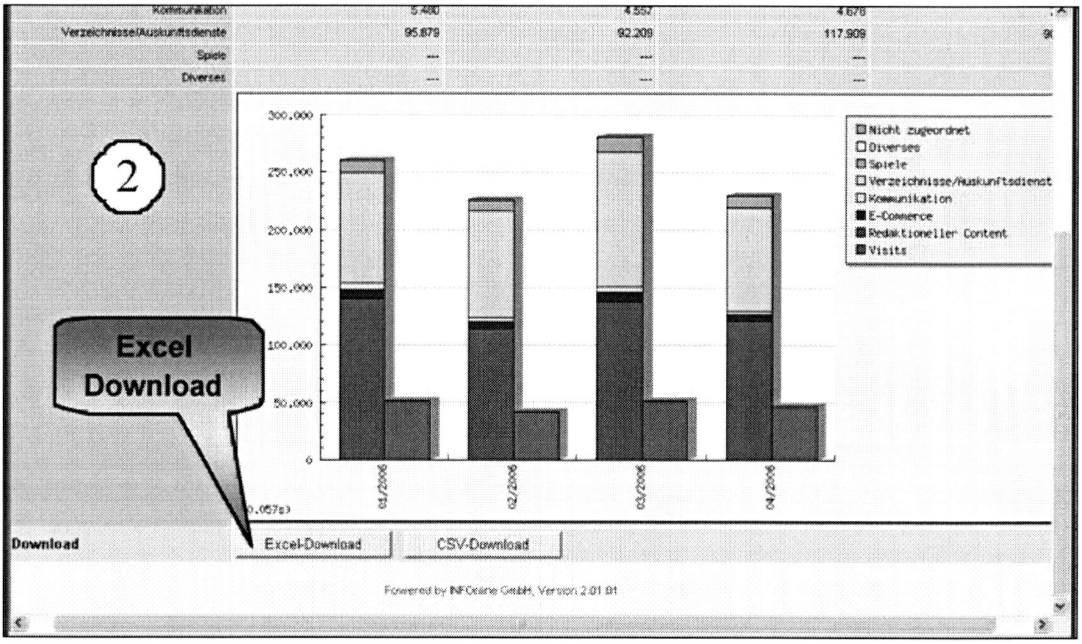

Abbildung 33: IVW-Online/grafische Auswertung

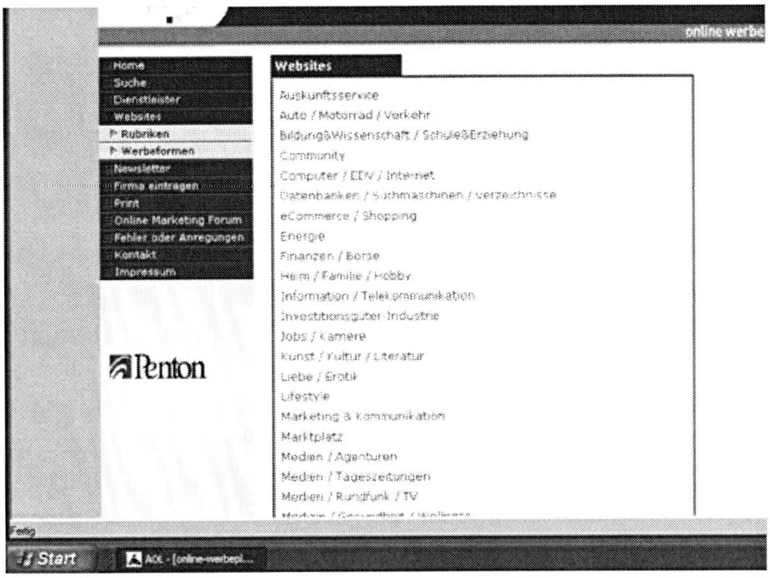

Abbildung 34: Website OnlineWerbeplanung/Übersicht

Abbildung 35: Online-Präsenz von Offline-Titeln

Zur Planung von Relevant-Content-Werbung (auch SmartAd genannt), das heißt Werbeschaltungen, die thematisch auf redaktionelle Beiträge abgestimmt sind, bieten Verlage wie *Gruner + Jahr* Electronic Media Sales – sogenannte „Themenplan/Specials – für jedes Jahr an. Dort ist ersichtlich, wann auf welchen Websites welche Themen behandelt werden beziehungsweise es thematische Specials gibt. Die Themenpläne sind direkt bei den Verlagen zu erhalten.

Eine weitere Grundsatzüberlegung ist die Berücksichtigung **unternehmenspolitischer Gesichtspunkte.** So sollte beispielsweise die Frage beantwortet werden, ob auf den Websites der Konkurrenz geworben werden sollte. Dafür spricht, dass man das eigene Angebot direkt neben dem der Konkurrenz platziert und dieser mitunter Kunden abwerben kann. Dagegen spricht, dass man die Konkurrenz durch die Werbeschaltung finanziell unterstützt. Generell sei von der Werbung auf imageschädigenden Websites der Bereiche Erotik, Tabakwaren, Alkohol oder Websites politischen sowie religiösen Inhalts abgeraten, da diese Websites in der Regel stark polarisieren und das Unternehmen mit den dort getroffenen Aussagen in Verbindung bringen. Diese Empfehlung gilt natürlich nicht, wenn die genannten Websites aufgrund des zu bewerbenden Produkts zu den Special-Interest-Titeln gehören.

Generell ist festzuhalten, dass es nicht nur bei den Werbemitteln, sondern auch und vor allem bei den Werbeträgersites zu Ausstrahlungseffekten und Imagewirkungen kommt. Jeder Werbende muss sich daher vor jeder Werbeschaltung die Frage beantworten: „Werte ich eine Website mit meiner Werbung auf oder wertet eine Website meine Werbung beziehungsweise mein Unternehmen auf?“ Egal wie preisgünstig eine Werbeschaltung angeboten wird, schauen Sie sich die potentielle Werbeträgersite im Vorfeld genau an und ziehen Sie unter Umständen Kollegen oder Bekannte zurate.

Neben diesen grundsätzlichen Überlegungen ist die Entscheidung für eine bestimmte Werbeträgersite stark von den dort angebotenen **Schaltungs-, Buchungs-** und **Abrechnungsmöglichkeiten** abhängig.

Werbeschaltungen auf Suchmaschinen

Wie eingangs erwähnt, ist das Suchmaschinen-Marketing die Online-Werbeform mit dem höchsten und schnellsten Wachstum. Sie wird unseres Erachtens künftig weiter an Bedeutung gewinnen und soll daher im Folgenden ausführlicher betrachtet werden.

Suchmaschinen gelten heutzutage als **Motor des Online-Marketings.** 30 Prozent aller Online-Werbeaufwendungen entfallen auf Suchmaschinen-Marketing. Laut Absatzwirtschaft-Online gehen Experten von einer Verdreifachung der weltweiten Suchmaschinen-Marketing-Umsätze von heute drei auf elf Milliarden Dollar in den nächsten fünf Jahren aus.

Das Wachstum des Internets ist unaufhaltsam. Das Netz besteht aktuell etwa aus 2,5 Milliarden Websites; nach Angaben des Deutschen Direktmarketing Verbands (DDV) kommen täglich circa sieben Millionen neue hinzu. Vor diesem Hintergrund ist es nicht verwunderlich, dass Suchmaschinen heutzutage zurecht als **„Killer-Applikationen“** des Internets bezeichnet werden. Ohne zielführende Suchdienste wären die Nutzer in den Weiten des Netzes verloren. Das Internet hätte sich ohne Suchdienste nicht als Massenmedium etablieren können. So ist es zu erklären, dass laut DDV täglich knapp 90 Prozent aller Nutzer Suchmaschinen benutzen. Suchmaschinen sind daher mit Abstand die am meisten genutzten Dienste im Internet. Pro Tag beantwortet allein Google in 88 Sprachen mehr als 200 Millionen Anfragen.

Die Nutzer teilen den Suchmaschinen tagtäglich ihre Wünsche und Bedürfnisse mit – und zwar die, die sie im aktuellen Moment haben. Einen interessierteren Nutzer, der über ein höheres Involvement verfügt, kann sich ein Marketer kaum wünschen! Die Interaktivität des Mediums erlaubt es, werblich und angebotsseitig direkt auf die Anfragen der potentiellen Kunden zu reagieren.

Dabei ist Online-Werbung nicht länger nur für Online-Verkäufe interessant: Die von Fittkau & Maaß durchgeführte Internet-Studie „WWW-Benutzer-Analyse W3B“ kam zu dem Ergebnis, dass über ein Drittel der Nutzer nach Offline-Kaufmöglichkeiten suchen. 75 Prozent gaben an, dabei Suchmaschinen zu nutzen. Zum Vergleich, nur 45,4 Prozent gaben an, bei der Suche nach regionalen Geschäften den Internetdienst von Gelben Seiten zu nutzen. Die klassischen Werbemedien sind Push-Medien – über einen möglichst hohen Werbedruck werden die Botschaften unverlangt in die Wohnzimmer der Konsumenten „gedrückt“. Das Internet und speziell Suchmaschinen hingegen sind Pull-Medien: Der Nutzer „zieht sich“ die Themen und Inhalte selber proaktiv aus dem Netz. Die Angebotsakzeptanz ist daher um ein Vielfaches höher einzustufen.

Bevor im Weiteren die einzelnen werblichen Maßnahmen auf Suchmaschinen betrachtet werden, wird es für zielführend erachtet, einige Hintergrundinformationen zu Suchmaschinen anzuführen, dazu gehören speziell:

- Arten von Suchmaschinen
- Generisches Suchmaschinen-Marketing oder die Suchmaschinen-Optimierung

Arten von Suchmaschinen

Volltextdatenbanken:
Klassische Suchmaschinen verfügen über automatische Programme, die das Internet nach Informationen durchforsten. Diese Programme werden Crawler, Spider oder Robots genannt – Beispiele sind „Web-Crawler“ oder „SpiderBot“. Diese Programme bewegen sich kontinuierlich durch das Internet, lesen die Inhalte der Websites und senden diese an die Suchmaschine zurück, wo sie in den Index (Datenbank) aufgenommen werden. Wird im Folgenden von einem User ein Suchbegriff eingegeben, wird nicht im Internet, sondern nur im zentralen Index gesucht. Hieraus resultieren die kurzen Antwortzeiten der Suchdienste. Sollte die eigene Website nicht „zufällig“ vom Crawler besucht werden, kann man sich bei den Suchmaschinen zur Indexierung anmelden (sogenannte Submission). Die Anmeldung ist in der Regel kostenlos (kostenlos beispielsweise google; kostenpflichtig beispielsweise altavista). Für eine Einmalgebühr von rund 250 Euro kann man über

Drittanbieter (sogenannte Submissiondienste) bei circa 300 Suchdiensten registriert werden. Es ist ausreichend, die Startseite zu registrieren, die Unterrubrikseiten usw. werden durch die Spider automatisch gefunden und indiziert (Voraussetzung: suchmaschinenfreundliche Gestaltung, siehe Abschnitt „Generisches Suchmaschinen-Marketing“). Beispiele für Crawler basierte Suchmaschinen sind: google.de, altavista.de, Inktomi.com, Fast Search & Transfer (alltheweb.com, fastsearch.com), Teoma.com und Fireball.de.

Kataloge (auch Web-Verzeichnisse genannt): Webverzeichnisse werden zumeist manuell erstellt und gepflegt. Sie sind daher strukturiert und wie ein Bibliothekskatalog aufgebaut. Vom Allgemeinen kann der Nutzer immer tiefer in einzelne Themen einsteigen (top-down-Navigation). Die Inhalte werden vom Betreiber ihrer Relevanz nach selektiert. Aufgrund des hohen Aufwands sind Web-Verzeichnisse eher eine Top-Liste als ein vollständiges Archiv. Beispiele sind: allesklar.de, bellnet.de, dino-online.de oder sharelook.de.

Metasuchmaschinen: Metasuchmaschinen verfügen über keinen eigenen Datenbestand. Sie betreiben zwar eine eigene Benutzeroberfläche, senden die Anfragen jedoch an andere Suchmaschinen und Web-Kataloge. Die gefundenen Ergebnisse werden in einer eigenen Trefferliste angezeigt; doppelte Ergebnisse werden automatisch eliminiert. Beispiele sind: MetaGer.de, Metacrawler.de oder Nettz.de.

Suchfunktionen auf Portalsites: Viele Such-Pioniere der ersten Stunde haben sich zu Full-Content-Anbietern (sogenannten Portalen) weiterentwickelt, mit dem Ziel, nicht nur als Navigationsseite (sozusagen als Sprungbrett) genutzt zu werden, sondern die User langfristig zu binden. Die wichtigsten Such-Portale sind Yahoo.de, lycos.de und Web.de.

Generisches Suchmaschinen-Marketing

Ziel des generischen Suchmaschien-Marketings, der sogenannten **Suchmaschinen-Optimierung,** ist es, die Websites „suchmaschinenfreundlich“ zu gestalten, um auch ohne Online-Werbebudget zu den relevanten Suchbegriffen (Keywords) auf den Suchergebnisseiten gelistet zu werden. Hierzu ist es erforderlich, die Funktionsweise von Suchmaschinen zu kennen.

Die meisten Suchmaschinen basieren auf Volltextdatenbanken (siehe Abschnitt „Arten von Suchmaschinen“), das heißt, sie lassen das Netz von Spidern durchforsten. Trifft das Indizierungsprogramm beziehungsweise der Spider nun im Web auf ein Hindernis, wie einen **Login-Bereich** oder ein **Formular,** macht er Halt. Alle weiteren Websites, die nicht über einen einfachen Hyperlink zu erreichen sind, bleiben für die Suchmaschinen unsichtbar. Ferner sind flache Navigationsstrukturen zielführend. Je weniger Klicks notwendig sind, um eine Website in einem Webauftritt zu erreichen, desto schneller findet der Spider die Site. Tiefe, verschachtelte Auftritte werden meist unvollständig durchsucht.

Wie bereits beschrieben, können Betreiber ihre Websites registrieren lassen. Fast noch effizienter ist es aber, andere Websites zu überzeugen, auf die eigene Site zu verlinken (oder einen **Link-Tausch** vorzunehmen). So werden die Inhalte ganz automatisch und oft gar schneller als über eine Anmeldung gefunden.

Nicht nur Nutzer, auch Spider wollen etwas zu lesen haben. Ein gutes **Content-Management,** das aktuelle und relevante Inhalte sicherstellt, ist von hoher Wichtigkeit. Dabei müssen die entsprechenden Phrasen und Schlüsselwörter, unter denen man gefunden werden möchte, in den Überschriften und/oder im redaktionellen Text enthalten sein. Die Texte sollten im **HTML-Format** vorliegen. Suchmaschinen-Spider haben mit Java und Flash Probleme.

Abschließend sei darauf hingewiesen, dass auf das rechtlich vorgeschriebene **Impressum** zu achten ist, um in redaktionell gepflegte Webkataloge aufgenommen zu werden.

Responseorientiertes Suchmaschinen-Targeting

In der Media- und Werbeplanung gilt es generell, ineffiziente Werbekontakte zu vermeiden und die Kampagne vom Kosten-Nutzen-Verhältnis her zu optimieren (sogenannte Accountability). Das Motto lautet „Relevant Contact Werbung". Aus diesem Grund ist es sinnvoll, dem Nutzer erst einmal zuzuhören, das heißt seine Suchanfrage abzuwarten, bevor man ihn mit einem Angebot oder einer Werbung konfrontiert. Werbeschaltungen (zum Beispiel Banner) im AdFrame der Startseite einer Suchmaschine sind daher nicht zielführend! Die Werbung beziehungsweise das Angebot sollte thematisch mit der Suchanfrage abgestimmt auf der Suchergebnisseite geschaltet werden. Der Nutzer will, dass sein aktuelles Problem gelöst wird. Ob er dieses mittels eines Links aus der Trefferliste oder mittels einer Werbeschaltung lösen kann, ist erfahrungsgemäß sekundär. Generell wird empfohlen, auf den Ergebnisseiten eher Textanzeigen als Bildanzeigen zu schalten, weil diese seriöser wirken und eine höhere Akzeptanz finden. Im Weiteren werden folgende Werbemöglichkeiten auf Ergebnisseiten betrachtet:

- Keyword-Tagging
- Paid-Placement

Keyword-Tagging

Beim Keyword-Tagging (oder Keyword-Targeting) wird zu einem Werbebanner ein Suchbegriff (Keyword) festgelegt. Wird dieser Suchbegriff vom Nutzer auf der Suchmaschine eingegeben, erscheint das „Keyword tagged Banner" auf der Suchergebnisseite. Diese Werbeform wird auch Behavioral Targeting genannt, weil sich die Ansprache der Nutzer nach deren Verhalten orientiert. Das Keyword-Tagging wird nur für einwortige simple Begriffe genutzt. Die Vermarkter bieten in der Regel nur eine Hand voll Top-Begriffe wie download, kostenlos, sex oder mp3 an. Andere Begriffe werden zu wenig abgefragt und bieten somit kein Vermarktungspotenzial. Die Basis zur Ermittlung des Vermarktungspotenzials bildet die sogenannte 12-Monatsprognose (Anzahl der Keyword-Aufrufe in den vergangenen zwölf Monaten). Bei weiter eingrenzenden Wortkombinationen wie Wetter + Braunschweig verringert sich die 12-Monatsprognose und somit das Vermarktungspotenzial zunehmend.

Der Nutzer erwartet auf den Ergebnisseiten Relevanz pur. Die Antworten müssen zu seinen Fragen passen, andernfalls sinkt die Akzeptanz und somit die CTR (Click-Through-Rate). Testen Sie Suchmaschinen. Geben Sie Nonsensbegriffe wie beispielsweise Motorblume ein. Werden Ihnen Treffer und Werbeschaltungen hierzu angezeigt? Wir hoffen nicht! Falls doch, ist das ein Zeichen dafür, dass auf dieser Suchmaschine offenbar ein Ignoranz- anstatt einem Akzeptanz-Training der Suchergebnisseite stattfindet – frei nach der Devise: „Mal sehen, wie weit sich die CTR noch senken lässt."

Um den vom Prinzip her richtigen Grundgedanken der Keyword-Werbung zu verbessern – beziehungsweise um auf vermarktbare 12-Monatsprognosen zu kommen – werden einzelne Suchbegriffe zu Clustern zusammengefasst. Es wird bespielsweise nicht nur nach dem Kernbegriff Migräne, sondern auch nach sinnverwandten Begriffen und differenten Schreibweisen gesucht. Ein mögliches Cluster zu dem Begriff Migräne könnte somit sein: *Migräne, Migrene, Migraene, Schmerz, Schmerzen, Kopfschmerz, Kopfschmerzen, Schmerzmittel, triptane, imigran etc.*

In der Summe ergeben die einzelnen 12-Monatsprognosen der Keywords ein akzeptables Vermarktungspotenzial des Clusters. Es gibt Cluster zu den vielfältigsten Themen. Es lassen sich in Clustern auch seltene Begriffe platzieren, die quasi von Top-Begriffen subventioniert werden. Die Cluster werden in der Regel von den Suchmaschinen gebildet, lassen sich jedoch vom Werbekunden variieren.

Hier gilt:

Frühes Buchen sichert die besten Cluster.

Das tagged Banner wird immer eingeblendet, wenn ein Begriff oder mehrere aus dem Cluster abgefragt werden. Doch auch hier gibt es Unterschiede, Google bietet beispielsweise die folgenden drei Keyword-Optionen:

- Weitgehend passendes Keyword: Die Werbung wird auf der Suchergebnisseite angezeigt, wenn ein oder mehrere Begriffe der Keylist im Suchfeld eingetragen werden.
- Passende Wortgruppe: Die Werbung wird nur angezeigt, wenn die Keywords in einer vordefinierten Reihenfolge eingegeben werden.
- Ausschließende Keywords: Durch diese Funktion können unrelevante Suchergebnisse ausgeschlossen werden.

Generell ist es wichtig, die Keywords zu testen. Geben Sie Ihre Begriffe auf den relevanten Suchmaschinen-Sites ein. Die Suchergebnisse, die angezeigt werden, sollten den Themen und dem Content Ihrer Website ähnlich sein. Sollte dies nicht der Fall sein, ist es ratsam, die Keywordlist nochmals zu überarbeiten, um sicherzugehen, dass Ihre Anzeige die für Ihre Website relevante Zielgruppe anhand der Keywords erreicht.

Abbildung 36 zeigt ein Keyword tagged Banner auf www.web.de zum Suchbegriff „Krankenversicherung".

Eine besondere Form des Keyword-Tagging sind die **Google AdWords** (Infos unter https://adwords.google.de). Es handelt sich hierbei um rein textliche Werbeanzeigen, die in einem AdFrame rechts neben der Trefferliste aus der Suchabfrage angezeigt werden (siehe Abbildung 36). Die

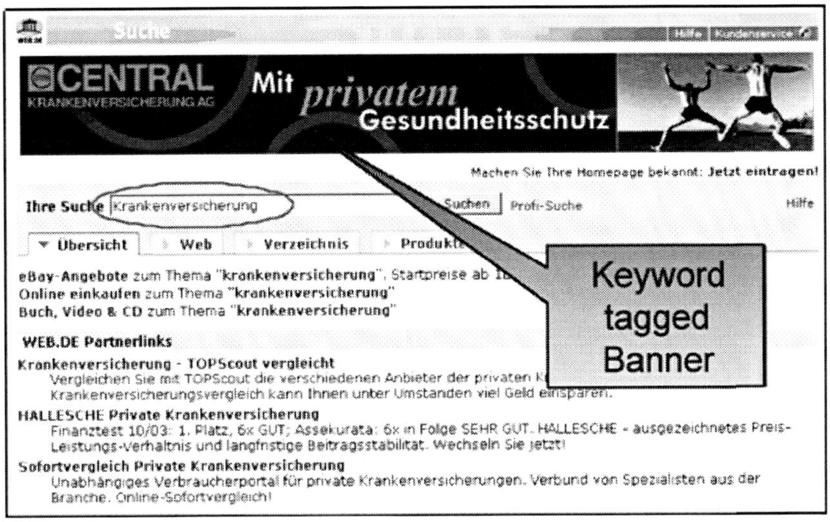

Abbildung 36: Keyword tagged Banner auf web.de

Google AdWords sind derzeit das größte Suchwerbeprogramm der Welt. Mit Google AdWords können Sie Ihre Reichweite um ein Vielfaches erhöhen, weil die Anzeige auch auf den Google-Suchpartner-Sites gestreut werden kann (zum Beispiel AOL). Die Abrechnung erfolgt response-orientiert nach dem Cost-per-Click-Verfahren (CPC). Der Mindestpreis pro AdClick beträgt 0,05 Euro. Die Anzeigenplatzierung (das Ranking) hängt neben dem maximalen Cost per Click vom sogenannten Qualitätsfaktor ab (Anzeigenrang = CPC × Qualitätsfaktor). Der Qualitätsfaktor wird durch die Click Through Rate (CTR) des AdWords, die Relevanz des Anzeigentextes, die historische Leistung des Keywords und seit neuem durch die Qualität der Landing Pages, also der Seiten, auf die AdWords die Nutzer verlinken, ermittelt. Der neue Google-Spider **AdsBot** prüft, ob die Zielseiten relevante Informationen beinhalten und einen klaren Bezug zum Keyword sowie zum Anzeigentext aufweisen. Ist dem so, hat das positive Auswirkungen auf das AdWord-Ranking. Ist dem nicht so oder wird dem AdsBot gar der Zugang verweigert (eventuell auch unbewusst), hat dies entsprechend negative Platzierungsauswirkungen (bitte beachten).

Generell wird zu jeder AdWords-Kampagne ein sogenanntes AdWords-Konto eingerichtet (siehe Abbildung 37 auf Seite 72). Dieses beinhaltet in der Standard-Edition drei Ebenen:

- Verwaltungsebene: E-Mail-Adresse, Passwort und Zahlungsinformationen
- Kampagnenebene: Tagesbudget, Zielregion, Verteilungseinstellung und Kampagnenende
- Anzeigenebene: Anzeigentext und Keywords, CPC pro Keyword oder Keyword-Gruppe, Klickrate

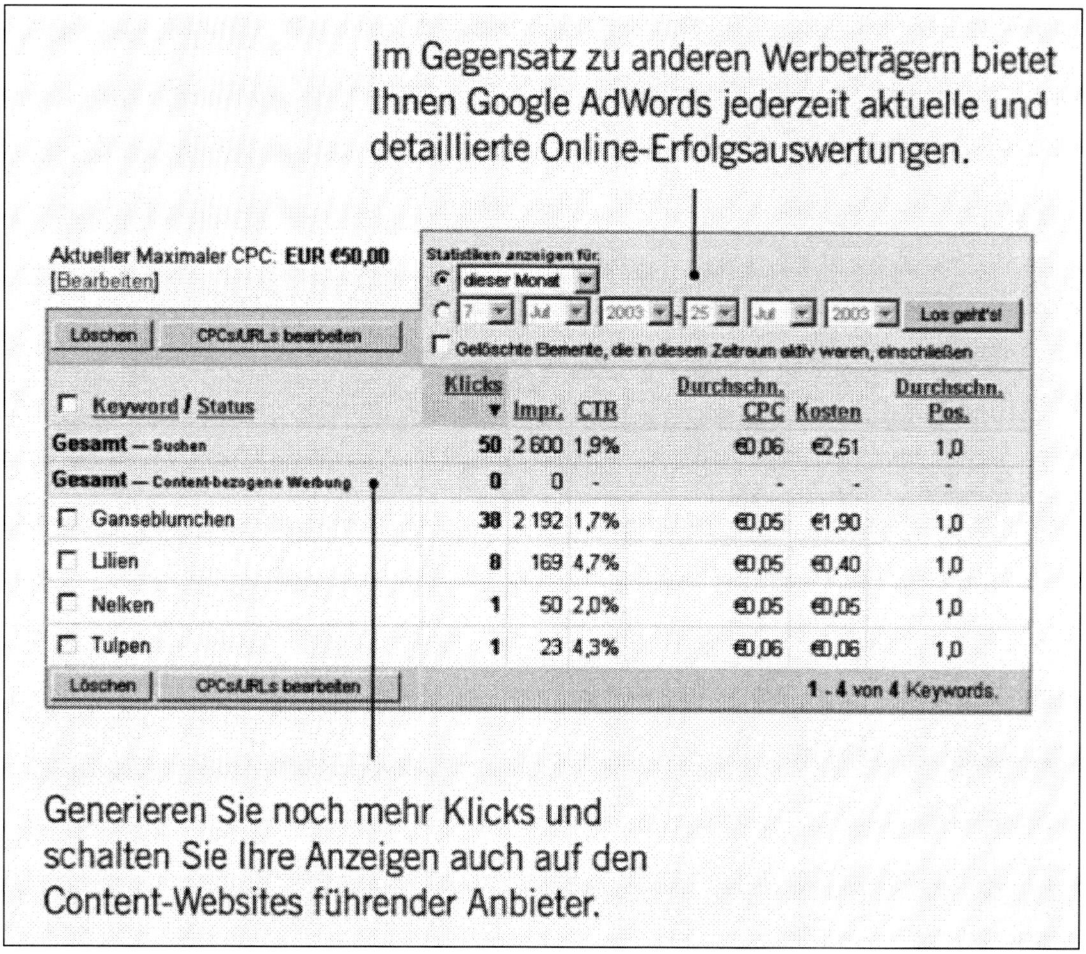

Abbildung 37: Google AdWords/Tracking

Nach dem Login in ein Konto wird unter jeder Anzeige die Klickrate, also die CTR, automatisch angezeigt. Sollte eine Anzeige signifikant schlechter performen als die anderen, so kann die Anzeige gelöscht oder optimiert werden. Dadurch kann die Gesamtleistung einer Anzeigengruppe gesteigert werden.

Im Zusammenhang mit Google AdWords ist auch das Vermarktungsprogramm **Google Ad-Sense** zu nennen. AdSense richtet sich nicht primär an Werbende, sondern an Betreiber einer Website (Website-Publisher genannt), die auf ihren Seiten zielgerichtete Relevant-Content-Werbeschaltungen anbieten wollen, um sich zusätzliche Einnahmequellen zu erschließen. Google bietet den Website-Publishern hierzu textbasierte AdWords-Anzeigen, die sich auf die Inhalte der Werbeträgersite beziehen.

Wenn auf Contentseiten relevante Anzeigen erscheinen, werden sie angeklickt. Google bezahlt für die AdClicks, die auf der Site des Website-Publishers generiert werden. Je erfolgreicher die AdWords-Schaltung ist, desto mehr Geld bekommt der Betreiber der Werbeträgersite. In flexiblen Online-Berichten kann der Erfolg der Anzeigenschaltung jederzeit überwacht werden. Somit entsteht zwischen den AdWords und AdSense quasi eine Win-Win-Situation, die Werbung wird über die Google-Website hinaus gestreut, der direkte Contentbezug bleibt dabei weiter gewährleistet und der Website-Publisher verdient auch noch etwas.

Stellt sich nur die Frage, woher weiß Google, welche Textanzeige zu welcher Contentsite passt? Die Antwort: Google AdSense „versteht" den Inhalt und Kontext jeder beliebigen Website! Es werden dabei Determinanten wie Linguistik, Keyword-Analyse, Worthäufigkeit, Schriftgrad und die komplette Link-Struktur des Internets berücksichtigt. Ein Beispiel aus dem englischsprachigen Raum verdeutlicht die Intelligenz dieses Systems: Geht es auf einer Website um „Polish", also die polnische Sprache, beliefert Google AdSense diese Website mit relevanten Anzeigen über polnischen Sprachunterricht oder Nachrichten aus Polen. Hat eine Website hingegen „Nail polish", also die Pflege der Fingernägel, zum Thema, sorgt die Google-Technologie dafür, dass auf dieser Website Anzeigen zu Nagellack, Maniküre oder Nagelpflegeprodukten erscheinen.

Die auf den Seiten der Website-Publisher angezeigten Anzeigen stammen aus der tausende Werbekunden umfassenden Google-Datenbank. Die Werbekunden erstellen mit Hilfe von Google AdWords ihre textbasierten Anzeigen, die über Cost-per-Click abgerechnet werden. Die Anzeigen erscheinen dann bei Google Deutschland und im gesamten Netzwerk, das sowohl Such- als auch Contentsites umfasst. Die folgende Abbildung 38 auf Seite 74 zeigt ein AdSense-Beispiel.

Googles neuester Clou ist die Schaltung von Videoclips in AdSense-Werbung. Um nicht aufdringlich zu wirken, wird die Werbung auf den AdSense-Partner-Sites zunächst als Standbild eingeblendet. Erst durch den Klick des Nutzers auf das Standbild startet das Video und die Werbebotschaft wird übermittelt. Die Schaltungskosten liegen selbstredend über denen einer Textanzeige, weshalb sich Google von den Werbevideos ein Umsatzplus erhofft.

Weitere Informationen über Google AdSense sind unter der Website www.google.de/adsense/ erhältlich.

Paid-Placement

Eprofessional (www.eprofessional.de), ein Dienstleister für Paid-Placement-Kampagnen, hat in Verbindung mit dem Hamburger Marktforschungsinstitut Fittkau + Maaß eine Studie zum Verhalten der User im Umgang mit Suchmaschinen erstellt. Die Studie führte unter anderem zu folgendem Ergebnis:

- 39,0 Prozent lesen die erste Ergebnisseite und entscheiden sich dann für einen Link.
- 30,1 Prozent klicken eine der ersten Fundstellen an.
- 13,7 Prozent lesen maximal drei Seiten und entscheiden sich dann für einen Link.

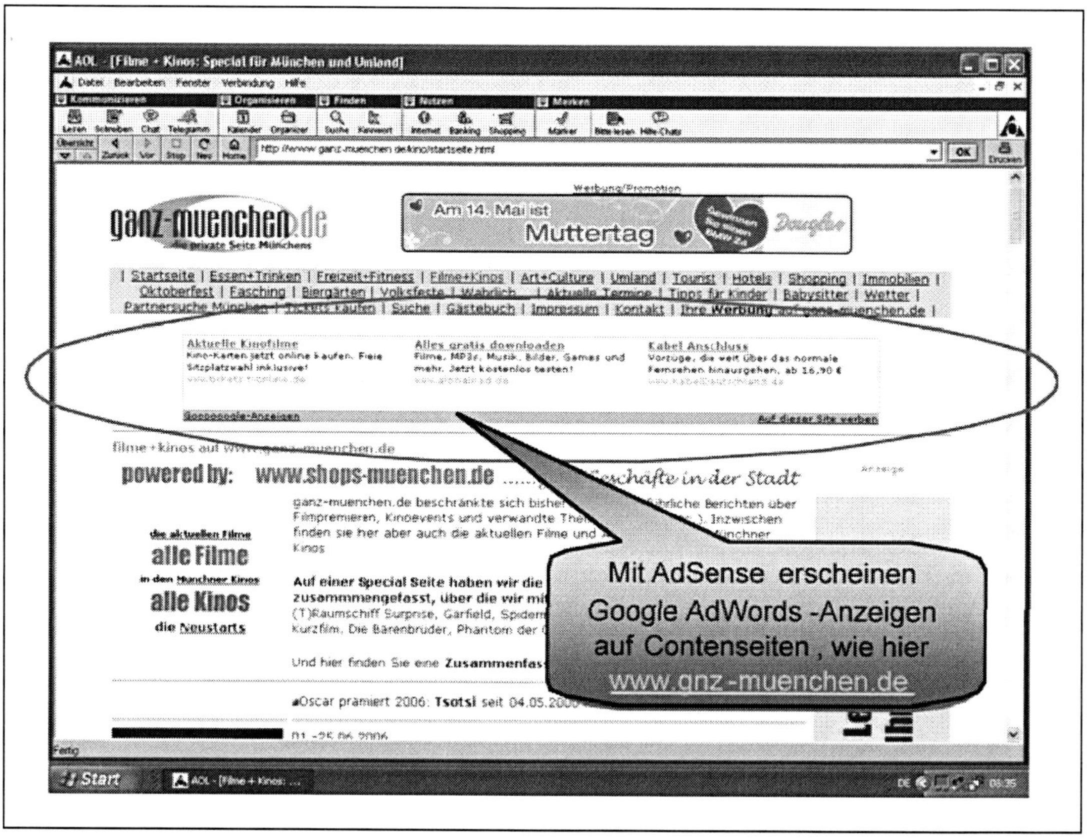

Abbildung 38: Über AdSense generierte AdWords-Schaltung

- 9,6 Prozent lesen mehr als drei Ergebnisseiten.
- 6,2 Prozent gehen anders vor und
- 1,4 Prozent geben an, es nicht zu wissen.

Das Ergebnis ist eindeutig: Rund 70 Prozent der User betrachten nur die erste Ergebnisseite!

Will man erfolgreich sein, das heißt, will man gefunden werden, muss man auf der ersten Seite gelistet werden. Womit das Geschäftsmodell des sogenannten Paid-Placement – also der bezahlten Platzierung – eigentlich schon erklärt wäre. Beim Paid-Placement (auch Pay-for-Placement genannt) werden Belegungsplätze für Werbeflächen (beispielsweise Textlink, Textblock, Position in den Top 1 bis n der Suchergebnisliste etc.) auf der Suchergebnisseite versteigert. Simpel gesagt entscheidet die Höhe des Gebotes über die Platzierung. Dadurch grenzt sich das Paid-Placement vom Paid Inclusion ab. Beim Paid Inclusion erhält der Werbende gegen Bezahlung eine garantierte Anzeige in der Ergebnisliste, es gibt jedoch keine Garantie dafür, wie hoch die Platzierung sein wird. Die Sponsored Links (Werbebotschaften) werden in der Regel optisch hervorgehoben und befinden sich oberhalb, unterhalb oder rechts neben den regulären Suchresultaten aus dem Index auf der Ergebnisseite (siehe Abbildungen 39 bis 40 auf Seite 76).

Eine aktuelle Studie des Amerikanischen Unternehmens Pew Internet & American Life Projekt ergab, dass Suchmaschinenwerbung häufig nicht als solche wahrgenommen wird. Nur 38 Prozent der Nutzer wissen, dass es neben dem Natural Listing (auch Organic Listing genannt), also den Suchergebnissen, die nach dem eigenen Algorithmus der Suchmaschine gerankt sind, auch bezahlte Suchergebnisse gibt; 62 Prozent sind somit ahnungslos.

Bei der Buchung einer Sponsored Link-Kampagne wird für jedes Keyword durch den Vermarkter geprüft, ob die Website des Werbenden für diesen Suchbegriff auch wirklich relevant ist. Goggle, Overture und Espotting prüfen daher, welche Suchbegriffe der Werbende für die Auslieferung seiner Links verwenden darf. Der Grund ist kein Altruismus, sondern reiner Eigennutz der Vermarkter: Die Relevanz des Keywords entscheidet darüber, ob die Sponsored Links von den Surfern als zur Suchanfrage passender Content akzeptiert und somit geklickt oder als irrelevante Werbung ignoriert werden. Die etablierten Gebührenmodelle für Paid-Placement sind alle responseabhängig, das heißt, es wird nach AdKlicks gezahlt. Werden die Sponsored Links nicht geklickt, erhält der Suchmaschinenbetreiber vom Werbenden kein Geld (100 Prozent variable Kosten!).

Das Prinzip der Platzierungsversteigerung erfolgt in Analogie zu einer ebay-Auktion. Beginnend mit einem fixen Mindestgebot und definierten Erhöhungsstufen erhält der Meistbietende die erste Position. Das Höchstgebot, das ein Werbender für einen Klick bereit ist zu zahlen, wird vor Kampagnenstart festgelegt. Jeder Werbende muss für sich definieren, was ihm ein Klick beziehungsweise ein User wert ist. Ein Versicherungsdienstleister wird dort sicherlich eine höhere Zahlungsbereitschaft haben als der Betreiber eines Online-Shops für Musik-CDs im B2C-Bereich. Bei den Paid-Placement-Anbietern herrscht zwangsläufig eine hohe Transparenz, die Höchstgebote der Konkurrenz sind sichtbar. So kann man als Einsteiger ausloten, ob man in diesem Becken mitschwimmen will. Abbildung 39 zeigt die Höchstgebote des Paid-Placement-Anbieters Overture (www.overture.de) zum Keyword Krankenversicherung. Auf Platz eins ist der Online-Anbieter abakus24.de mit einem CPC-Höchstgebot von 4,10 Euro. Will man die Poleposition, muss man mehr bieten als 4,10 Euro. Selbstredend sind Paid-Placement-Kampagnen dynamisch, das heißt, dass abakus24.de kontern kann, um die „Pole" zurückzuerobern. Bei Overture liegt das Mindestgebot bei 0,10 Euro. Die Erhöhung erfolgt in 0,01 Euro Schritten. Top-CPCs von 4,10 Euro und mehr sprechen in Bezug auf die Dynamik eine eindeutige Sprache. Abbildung 40 zeigt das Top-Gebot zur gleichen Zeit und zum gleichen Keyword beim Paid-Placement-Anbieter QualiGo (www.qualigo.de). Hier wird die Poleposition ebenfalls von abakus24.de gehalten, allerdings nur für 0,95 Euro.

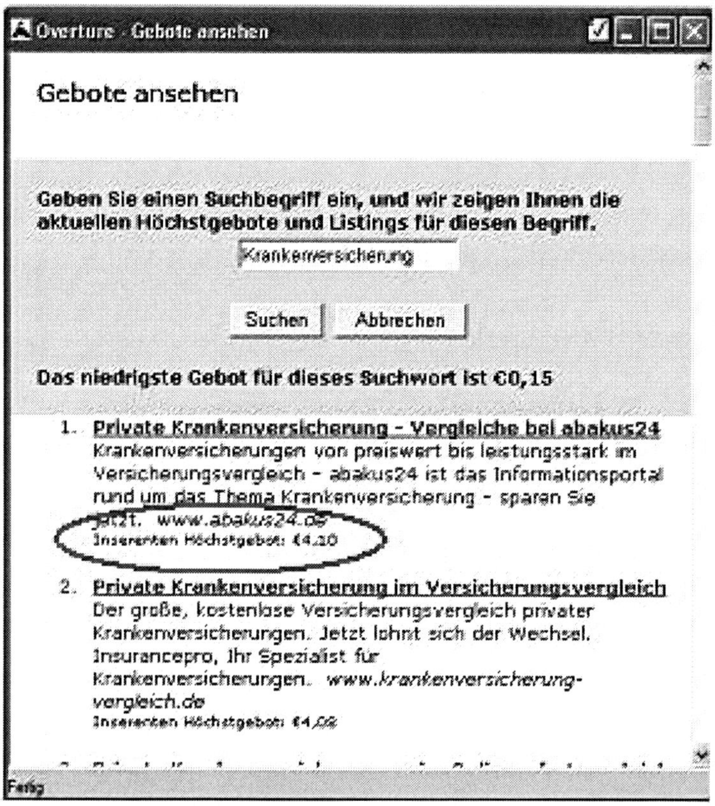

Abbildung 39: Paid-Placement-Gebote bei Overture

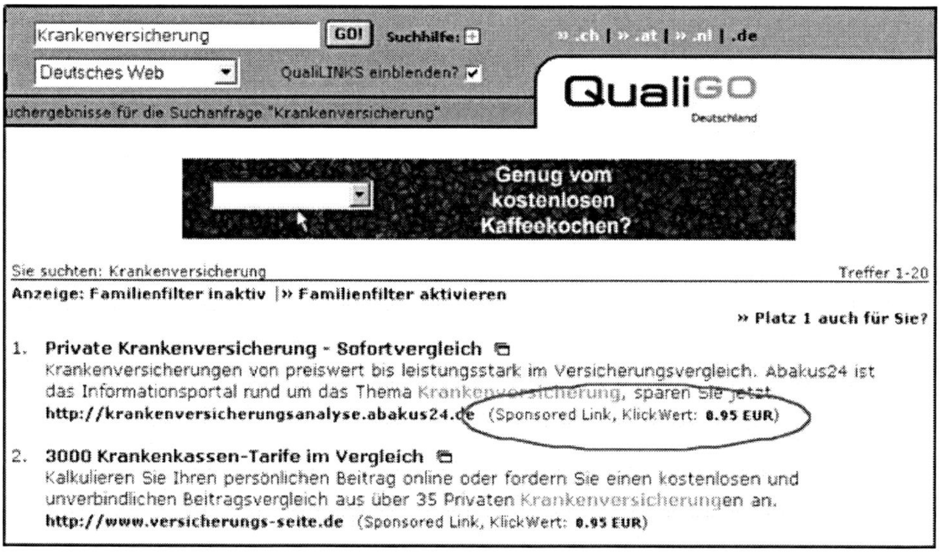

Abbildung 40: Paid-Placement-Gebote bei QualiGo

Paid-Placement-Anbieter operieren in der Regel im Hintergrund, das heißt, sie betreiben keine eigenen Suchmaschinen, sondern vermarkten als Dienstleister Platzierungen auf externen Suchmaschinen, die allcine nicht genügend Anfragen zur Eigenvermarktung aufweisen können. Diese Suchmaschinen werden als Affiliate-Partner der Paid-Placement-Anbieter bezeichnet. Die einzige Ausnahme bildet Google. Google hat mit einem Marktanteil von 70 Prozent genug Markt-Power, um seine Platzierungen selbst zu vermarkten. Die Vermarktung der übrigen Suchmaschinen ist nur in Clustern wirtschaftlich.

Eine weitere Besonderheit bei Google ist die Tatsache, dass die ersteigerte Platzierung nicht nur von der Höhe des Gebotes abhängt, sondern auch von der Relevanz des Angebotes für das jeweilige Keyword. Die Relevanz wird im Internet generell über die Click-Through-Rate (CTR) ermittelt. Je häufiger ein Link im Verhältnis zur Anzahl seiner Einblendungen angeklickt wird, je höher rutscht er in der Platzierung (automatisch, ohne Gebotserhöhung!). Abbildung 41 zeigt hierzu ein Beispiel.

Die bedeutendsten Paid-Placement-Anbieter und ihre Affiliate-Partner in Deutschland sind:

- Overture: AOL, AltaVista, GMX, Lycos, MSN, Yahoo!
- Espotting: Bild.de, Freenet, Fireball, Web.de, Lycos, Sat.1 etc.
- QualiGo: Meta Crawler, Blitzsuche, Sharelook, ixquick, suchmashine.de, suchen.com, nettz.de und apollo7
- Mirago: Lycos, WebCrawler, Sharelook, InfoSpace etc.
- Google (Marktanteil von 70 Prozent): keine Affiliate-Partner nötig!

Wie bereits erwähnt, bieten die meisten Paid-Placement-Anbieter CPC-basierte Abrechnungsmodelle, es gibt jedoch auch Ausnahmen. Der Suchmaschinen-Dienstleister Zanox (www.zanox.com) beispielsweise bietet Cost-per-Order-basiertes Suchmaschinen-Management. Als Heavy-User buchen Sie wahrscheinlich bei Overture und Espotting und Google etc. Besonders bei einem umfangreichen Produktangebot ist erfolgreiches Produkt Placement über Sponsored Links dann enorm zeit- und kostenaufwändig. Die Produkte müssen einzeln gelistet werden, es gibt saisonale Verkaufsaktionen etc. Hier bietet Zanox mit der Applikation zanox-Look@ seine Dienste an. Zanox leitet und optimiert die Paid-Placement-Schaltung bei Overture, Espotting, QualiGo etc. und bietet dem Nutzer detaillierte Controlling-Tools.

Die Auswahl kompetenter Suchmaschinen-Marketing-Agenturen (SMA) wird seit November 2004 erleichtert. Seit dieser Zeit vergibt der Bundesverband Digitale Wirtschaft (BVDW) e.V. ein Qualitätszertifikat für SMA. Dieses soll den Wer-

Anbieter	Top-CPC	CTR	Faktor	Platzierung
Unternehmen A	2,10 €	0,7	2,10 × 0,7 = **1,47**	2
Unternehmen B	1,50 €	1,2	1,50 × 1,2 = **1,8**	1

Abbildung 41: Ermittlung der Paid-Placement-Platzierung bei Google

bekunden als Orientierungshilfe in der Branche dienen. Beurteilungskriterien des BVDW sind Qualität der Optimierungsmaßnahmen, allgemeine Maßstäbe kaufmännischer Ethik, die Qualität der Beratung sowie die Transparenz der Abrechnung.

Klickpreisindex BIDDEXX

Eine weitere Orientierungshilfe im Bereich Suchmaschinen-Marketing stellt der vom Suchmaschinen-Marketing-Anbieter eprofessional (www.eprofessional.de) ermittelte Klickpreisindex BIDDEXX dar. Eprofessional hat in Kooperation mit der Christian-Albrecht-Universität zu Köln eine Untersuchung im Bereich auktionsbasiertes Suchmaschinen-Marketing in Deutschland durchgeführt. Ergebnis dieser Untersuchung ist der Klickpreisindex BIDDEXX, der erstmals 2004 auf der OMD (Online-Marketingmesse Düsseldorf) präsentiert wurde. Dieser monatliche Preisindex soll Agenturen und Online-Werbetreibenden als Referenzgröße für die Budgetplanung dienen.

Im Rahmen der Untersuchung wurde die Entwicklung der Klickpreise innerhalb von sechs Monaten bei den beiden reichweitenstärksten Suchmaschinen Google und Overture untersucht. Es wurden 19.000 relevante Suchbegriffe ausgewählt, die 6 Hauptbranchen, 40 Kategorien und 54 Unterkategorien zugeteilt wurden. Die Hauptkategorien sind:

- Allgemeine Dienstleistungen (26,8 Prozent der relevanten Suchbegriffe)
- Handel (23,2 Prozent)
- Elektronik (20,0 Prozent)
- Unterhaltung (16,8 Prozent)
- Reisen (7,2 Prozent)
- Gesundheit (5,0 Prozent)

Weil die Stichprobe mehr als 5 Prozent der Grundgesamtheit der deutschsprachigen Suchbegriffe ausmacht, können sämtliche BIDDEXX-Daten auf die Grundgesamtheit übertragen werden. Die definierten Referenzsuchbegriffe pro Branche und Kategorie werden monatlich bei den TOP-Suchmaschinen-Marketing-Anbietern Google und Overture abgefragt. Dabei erfolgt eine Gewichtung des jeweiligen Keywords nach dem Klickvolumen. Diese gewichteten Teilindizes der Unterkategorien werden zum Gesamt-BIDDEXX einer jeden Branche kumuliert und geben somit Auskunft darüber, wie der aktuelle Durchschnitts-CPC für ein Keyword der Branche ist und wie sich dieser Durchschnittspreis in den letzten Monaten entwickelt hat. Die BIDDEXX-Werte werden monatlich auf der Website www.eprofessional.de gelistet.

Abschließend werden einige ausgewählte Beispiele von Paid-Placement-Schaltungen auf Suchmaschinen gezeigt (Abbildungen 42 bis 45).

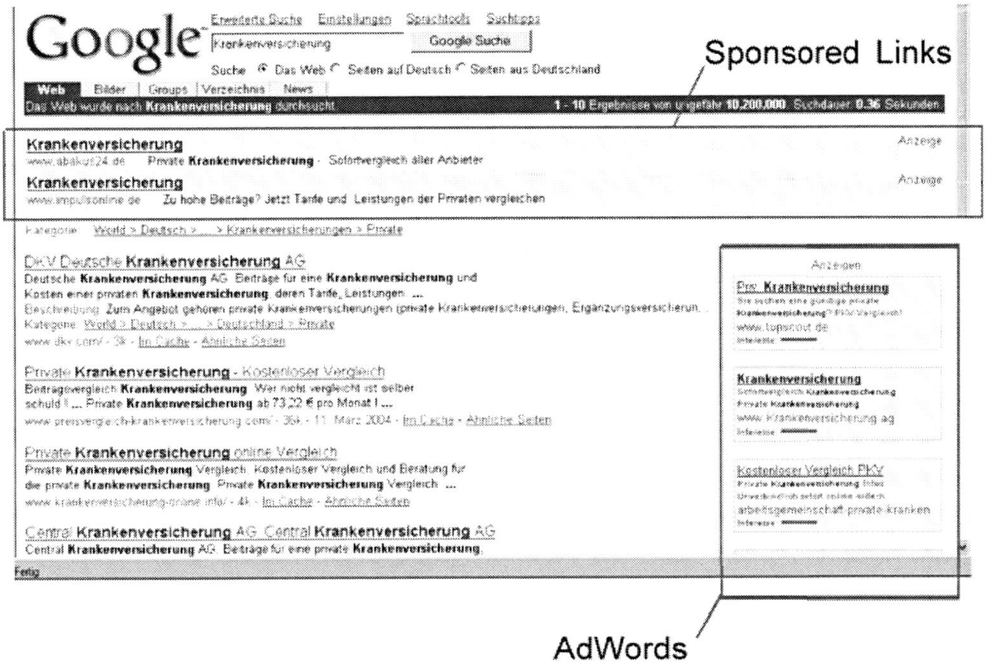

Abbildung 42: Sponsored Links und AdWords bei Google

Abbildung 43: Sponsored Links bei LYCOS

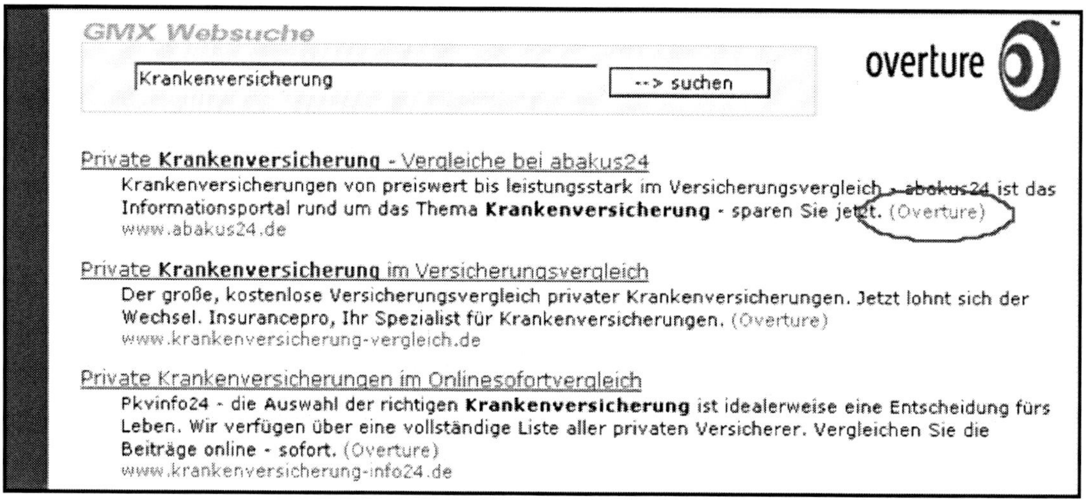

Abbildung 44: Sponsored Links bei GMX

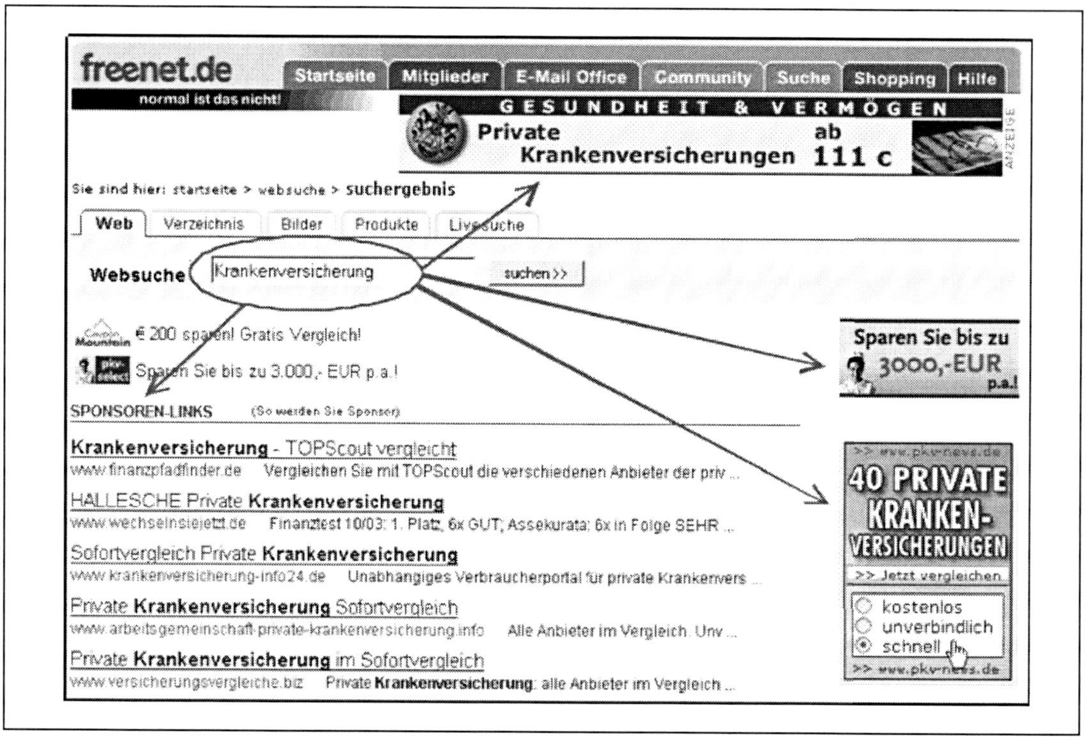

Abbildung 45: Paid-Placements und Keyword-Tagging bei freenet.de

Werbemöglichkeiten durch Weblogs oder Blogs

In den USA wurde „Blog“ im vergangenen Jahr zum Wort des Jahres gewählt. Kein anderes Wort wurde auf der Website des amerikanischen Duden „Meriam-Webster“ häufiger nachgefragt. Nach einer Studie des Unternehmens Berlecon existieren in Deutschland derzeit rund 100.000 verschiedene Blogs. Die monatliche Zuwachsrate beträgt etwa 15 Prozent. Um so erstaunlicher ist es, dass 63 Prozent aller Internet-Nutzer mit dem Begriff „Blog“ oder „Weblog“ nichts anfangen können. Wir denken, es ist an der Zeit, das zu ändern …

Blogs oder auch Weblogs sind Online-Journale, eine Art öffentliches Tagebuch zu speziellen Themen, die im Content-Frame ganz normaler Websites betrieben werden. Die Akteure werden als „Blogger“ bezeichnet. Der Begriff Weblog oder kurz Blog genannt setzt sich aus den Wörtern „Web“ (wie Internet) und „Log“ (wie Buch) zusammen.

Weblogs entstanden um die Jahrtausendwende. Sie berichteten und kommentierten die Entwicklung in der Online-Welt und spiegelten – wie traditionelle Tagebücher auch – dabei die persönlichen Erfahrungen und Befindlichkeiten des Verfassers wieder. Bislang bedienten sich virtuelle Communities Kommunikationsformen wie Chatrooms, Mailinglisten oder Messageboards. Immer mehr Weblogs lösen sich mittlerweile aus dem klassischen Online-Themenfeld und schreiben über politische, gesellschaftliche und wirtschaftliche Themen. In den USA haben sich Blogs bereits zu einer Meinungsmacht im vormedialen Raum entwickelt, das heißt, dass Themen aus den Blogs in andere Medien (zum Beispiel klassische Presse) überschwappen. Zwei Unternehmen haben bereits die Macht der Blogs zu spüren bekommen:

- **Jamba:** Ein Beitrag im deutschen Blog „Spreeblick“ warf dem Klingelton-Verkäufer Jamba vor, mit unlauteren Methoden Jugendlichen Klingelton-Abos für ihre Handies zu verkaufen. Die zahlreichen Reaktionen und Links auf den Jamba-Beitrag katapultierten die Blog-Website auf Platz eins der Google-Ergebnislisten zum Keyword „Jamba“ und machten den Fall über die Blogger-Community hinaus öffentlich. Der Image-Schaden für Jamba war enorm.

- **Kryptonite:** Auf dem Technik-Weblog www.engadget.com hatte ein „Biker“ ein Video veröffentlicht, das zeigt, wie man mit einem Plastikkugelschreiber das hochpreisige und angeblich unbezwingbare Fahrradschloss der amerikanischen Firma Kryptonite öffnen konnte. Das Video verbreitete sich mit enormer Geschwindigkeit und schaffte es bis in die klassischen Medien. Die Folge: Kryptonite rief seine Fahrradschlösser zurück – geschätzter Schaden zehn Millionen US-Dollar.

Die genannten Beispiele zeigen, dass Unternehmen gut beraten sind, die Blogosphäre (so wird die Gesamtheit der Blogs genannt) zu beobachten. Der Dienstleister Plan.Net (www.plan.net) bietet hierzu seinen Kunden quantitative Auswertungen von Blogs und Websites an, um herauszufinden, wo und wie über das Unternehmen oder ein Produkt im Netz kommuniziert wird. Bei www.blogg.de werden alle aktuellen Artikel der deutschsprachigen Blogosphäre aufgelistet. Auf der Website http://newkidsontheblog.de hingegen wird nur über Blogs berichtet, die nicht älter als 30 Tage sind (siehe Abbildung 46). Google bietet beispielsweise die Möglichkeit, nach Blogs zu speziellen Themen zu suchen und unterstützt User bei der Erstellung ihrer eigenen Blogs (siehe Abbildung 47 auf Seite 84).

Technologisch gesehen ist ein Weblog ein simples Content-Management-System, mit dem Blogger Einträge chronologisch im Web veröffentlichen. HTML-Kenntnisse sind dabei nicht vonnöten. Der aktuellste Beitrag steht an erster Stelle und rutscht mit jedem neuen Eintrag eine Position nach unten, bis er schließlich archiviert wird. Google und andere Suchmaschinen können in diesem Blog-Archiv nach Einträgen suchen. Jedes Weblog verfügt über die folgenden Funktionen:

- Kommentar
- Trackback
- RSS-Feed

Die **Kommentar-Funktion** ermöglicht dem Leser ein direktes Feedback auf den Blog-Eintrag.
Trackback ist eine Funktion, mit der Weblogs Informationen über Reaktionen beziehungsweise Kommentare durch einen automatischen Benachrichtigungsdienst untereinander austauschen können. Die Trackback-Funktion wurde von der Firma Six Apart für die Weblog-Software Movable Type entwickelt. Sie ermöglicht den Bloggern festzustellen, ob auf ihren eigenen Eintrag in einem anderen Blog Bezug genommen wurde. Dazu werden zwischen den einzelnen Blogs nach einem festen Protokoll Daten ausgetauscht. In der wissenschaftlichen Fachliteratur könnte man sich Trackback etwa so vorstellen wie eine Primärquelle (Autor/Urheber), die automatisch über Zitationen in anderen Literaturquellen oder in der Sekundärliteratur unterrichtet wird (der Traum eines jeden Universitäts-Professors).

RSS (die Abkürzung steht für Really Simple Syndication, zu deutsch etwa „wirklich einfache Verbreitung“) ist eine Technologie, die es dem Nutzer ermöglicht, die Inhalte einer Website – oder Teile davon – zu abonnieren. Weblogs machen sich diese Funktion zunutze und bieten dem Nutzer unter „RSS-Feed“ die Möglichkeit, über Neueinträge in Blogs unterrichtet zu werden. Spezielle News-Reader oder neue E-Mail-Programme holen sich die abonnierten „Feeds“ sogar selbstständig von den Websites und präsentieren dem Leser die neusten Inhalte vieler Weblogs konzentriert und übersichtlich in einer Software. Die Versendung der Einträge erfolgt in der Regel im XML-Format. XML steht für Extensible Markup Language und ist eine Sprache zum Austausch strukturierter Daten. Die Blogger müssen die Blogs somit nicht einmal mehr aufrufen, um sich zu informieren. Gegenüber Newslettern haben Blogs den Vorteil, dass sie nicht verschickt werden müssen (Stichwort „Spam“) und eine wesentlich schnellere Publikationsgeschwindigkeit erlauben. Newsletter werden beispielsweise wöchentlich versandt, RSS-Feed immer dann, wenn es etwas zu berichten gibt.

Die starke Vernetzung der Blogs ist die eigentliche Stärke dieses Kommunikationsmediums. Neuigkeiten breiten sich in der Blogosphäre durch Trackbacks, Kommentare, Verlinkungen und RSS-Feeds rasend schnell aus. Diese dichte Struktur und die Tatsache, dass jeder Blog-Eintrag über

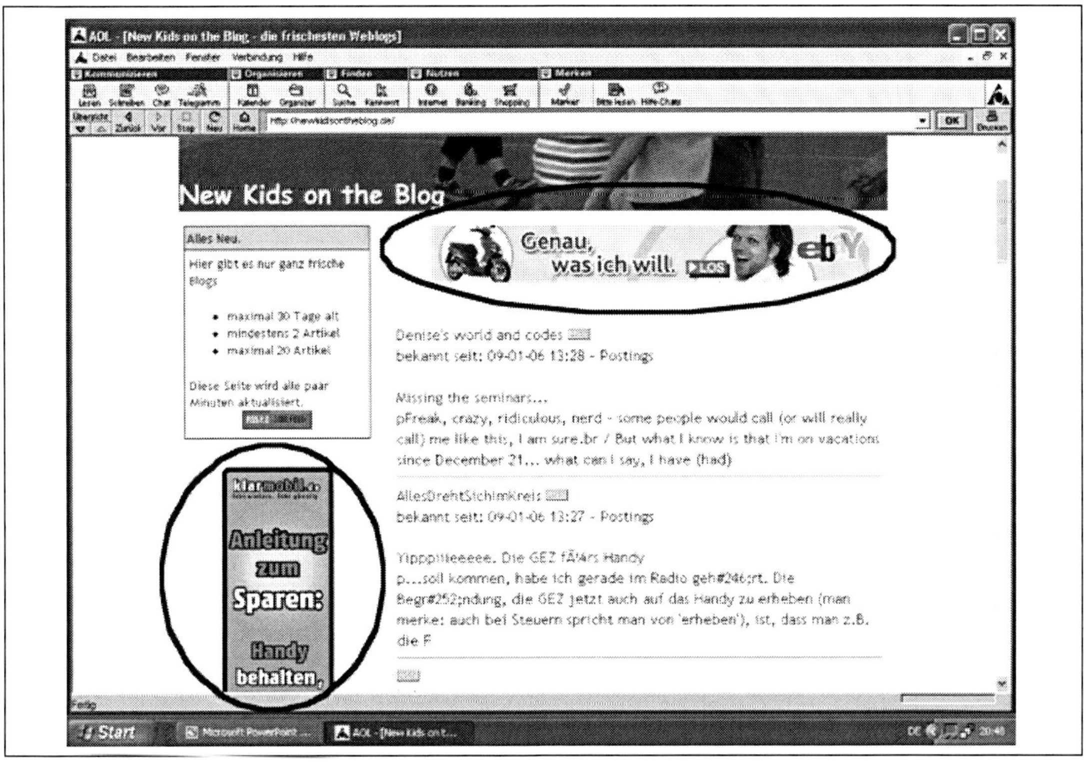

Abbildung 46: Werbeschaltung auf dem Weblog www.newkidsontheblog.de

eine eigene URL-Adresse verfügt und somit quasi als separate Website fungiert, machen Blogs absolut suchmaschinenfreundlich und sorgen für gute Platzierungen in den Ergebnislisten. Blogs werden häufig aktualisiert und sind voll von relevanten Suchbegriffen – alles Kriterien, die Suchmaschinen-Spider freuen.

Es gibt verschiedene Möglichkeiten, Blogs zu werblichen Zwecken zu nutzen:

- Im englischsprachigen Raum bietet die Website www.blogads.com Werbern ein Verzeichnis mit rund 750 Weblogsites sowie Informationen zur Reichweite und zu den Themenschwerpunkten. Auf den Weblogsites lassen sich wie auf anderen Special-Interest-Sites Banner, Skyscraper etc. schalten.
- Unternehmen können sich durch redaktionelle Beiträge (Aufrufe, Anstöße, Antworten etc.) an der Blogosphäre beteiligen, um den Dialog mit der Community zu suchen.
- Unternehmen können eigene Blogs betreiben, um Traffic auf ihrer Site zu generieren und die Platzierung in den Suchmaschinen – auch ohne Paid Placement-Budget – zu verbessern.

Weblogs werden die traditionellen Offline- und Online-Medien der Unternehmenskommunikation nicht ersetzen, sondern ergänzen.

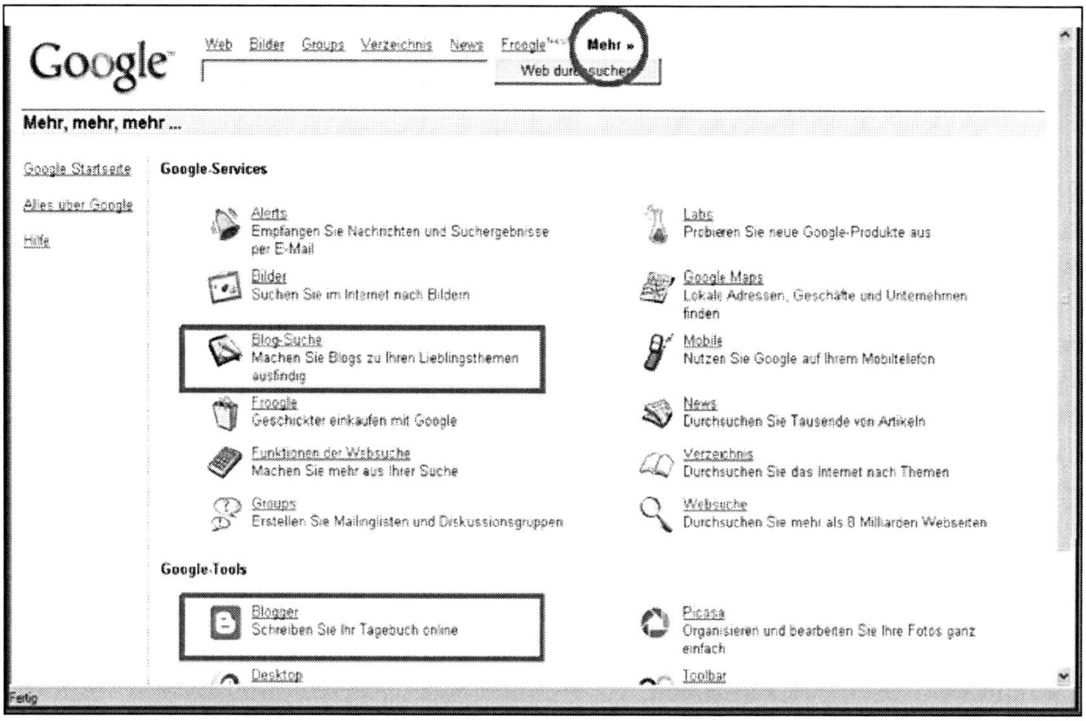

Abbildung 47: Blog-Funktionen bei Google

5. Buchungs- und Schaltungsmöglichkeiten

Im folgenden Kapitel werden detailliert die Möglichkeiten der Werbemittelschaltung und die verbreitetsten **Buchungs- beziehungsweise Abrechnungsmodelle** für Online-Werbung vorgestellt. Es wird schnell deutlich, dass sich das Internet hier doch stark von den klassischen Werbemedien unterscheidet.

Schaltungsmöglichkeiten von Online-Werbemitteln

Werbeschaltungen im Internet werden heutzutage mithilfe der **AdServer-Technologie** realisiert. AdServer sind zentrale Netzwerkrechner zur Werbemittelverwaltung und Werbemittelsteuerung (Kombination aus Hard- und Software). Ohne den Einsatz dieser AdServer würden die Werbemittel einzeln an die Betreiber beziehungsweise Vermarkter der Werbeträgersites ausgeliefert und von diesen „händisch" in die Website integriert. Der dafür notwendige Vorlauf beträgt circa zwei Wochen. Ferner liefert jeder Sitebetreiber beziehungsweise Vermarkter dem Werbenden ein Reporting. Bei der Verwendung von AdServern werden die Werbemittel **zentral auf einem Rechner** gespeichert. Auf der Werbeträgersite wird nur ein sogenannter **Tag-Befehl** (englische Aussprache) platziert, der Art und Form des Werbemittels beschreibt. Mit dem späteren Aufruf der Werbeträgersite durch einen Nutzer wird über den Tag-Befehl das entsprechende Werbemittel (zum Beispiel Banner) „just in time" vom AdServer abgerufen und auf der Werbeträgersite angezeigt. Will man Werbemittel im Lauf einer Kampagne austauschen, weil sie schlecht performen, muss das Werbemittel lediglich auf dem AdServer getauscht werden, weitere Anpassungen sind nicht erforderlich. Der Zeitaufwand dafür beträgt nur wenige Minuten. Ein weiterer Vorteil des Einsatzes eines AdServers besteht darin, dass die internetspezifischen Werbekennzahlen (AdClicks, AdImpressions etc.) vom AdServer zentral erfasst und ausgewertet werden. Der Werbende erhält somit **nur ein Reporting,** das alle Sites beinhaltet, anstatt eine Vielzahl von Reportings in unterschiedlichen und schlecht vergleichbaren Layouts. Ferner können die vom AdServer ermittelten Daten direkt in die Datenbank des Werbekunden übertragen und weiterverarbeitet werden. Anbieter solcher Data-Export-Funktionen ist beispielsweise der AdServer „Helios" von AdTech (www.adtech.de).

Die genannten Vorteile sind bereits gewichtig, doch der Clou der AdServer sind die besonderen Schaltungsmöglichkeiten. Folgende Schaltungsmöglichkeiten werden derzeit offeriert:

Rotation innerhalb eines Web-Auftritts

Bei dieser Schaltungsform „rotiert" das Werbemittel innerhalb der Websites eines Anbieters. Erfahrungsgemäß besteht eine Website nicht nur aus einer einzigen Site, sondern aus einer Vielzahl von Sites (beispielsweise Unterrubriken), die vom Nutzer über eine mehr oder weniger gute Navigation angewählt werden können. Bei dieser Buchung rotiert das Werbemittel über all diese Sites. Es wechselt somit bei jedem Siteaufruf beispielsweise zwischen der Startsite und den Unterrubriksites. Im Reporting weist der AdServer die Leistungskennzahlen für jede Site einzeln aus. Somit kann der Werbetreibende sehen, auf welcher einzelnen Site des Angebots das Werbemittel am besten gelaufen ist.

Run of Site (Rotation verschiedener Werbemittel auf einem Werbeplatz)

Bei dieser Rotationsbuchung ist der Werbeplatz fix – zum Beispiel Startsite/oben/Mitte. Auf diesem Werbeplatz können nun verschiedene Werbemittel geschaltet werden. Es stehen bei einem Automobilhersteller beispielsweise vier verschiedene Werbe-Banner zur Verfügung:

- Rotes Fahrzeug
- Silbernes Fahrzeug
- Rein textliches Banner mit Logo
- Personenabbildung mit Logo

Diese Werbemittel werden nun abwechselnd, in einer bestimmten Reihenfolge oder nach dem Zufallsprinzip eingeblendet. Sie wechseln mit jedem Seitenaufruf (PageImpression) beziehungsweise mit jeder Werbemitteleinblendung (AdImpression). Im Reporting werden die Werbemittel getrennt ausgewiesen. Der Werbetreibende kann somit sehen, welches Werbemotiv am besten gelaufen ist und dieses künftig verstärkt einsetzen.

Zwischenfazit

Eine Werbeschaltung – egal ob online oder offline – besteht immer aus zwei Variablen: dem Werbemittel und der Werbeplatzierung. Ändert man beide Stellglieder gleichzeitig und erzielt damit gegenüber der vorangegangenen Buchung höhere Responsewerte, kann nicht gesagt werden, ob das Werbemittel, die Werbeplatzierung oder gar beides ausschlaggebend war. Die beiden genannten Rotationsbuchungen bieten dem Werbetreibenden die Möglichkeit, nicht nach dem Trail-and-Error-Prinzip zu verfahren, sondern die Stellglieder getrennt zu betrachten. Im ersten Fall wird das Werbemittel konstant gehalten und die Platzierung variiert, und im zweiten Fall wird die Platzierung konstant gehalten und das Werbemittel variiert.

Im Folgenden werden weitere Schaltungsmöglichkeiten genannt:

Run of Network (Netzwerk-Rotationen)

Bei dieser Rotationsbuchung wird das Werbemittel nicht auf den Sites eines Anbieters gestreut, sondern in einem Netzwerk, das aus den Sites mehrerer Anbieter besteht. Beispiele wären Adpepper (29 Anbieter) oder Adlink-Direkt (65 Anbieter). Run of Network-Buchungen sind kostengünstig und reichweitenstark. Der Nachteil besteht jedoch darin, dass die meisten in einem Netzwerk angebotenen Sites eher unbedeutend sind. Bei dieser Buchung gilt eindeutig Quantität vor Qualität!

Prime-Time-Targeting (Zeitliches Targeting)

Bei diesem Schaltungsmodell, das auch Timeslot genannt wird, ist die Anzeige eines Werbemittels von der Uhrzeit abhängig. Es können somit auf einem fixen Werbeplatz morgens andere Produkte beworben werden als abends. Diese Schaltungsform ermöglicht eine noch exaktere Zielgruppenansprache. Detaillierte AdServer-Reportings weisen exakt aus, welche Werbemittel beziehungsweise -motive zu welchen Uhrzeiten am besten performen. Tageszeitbedingte Streuverluste lassen sich mit dem zeitlichen Targeting minimieren.

Geo-Targeting (geografisches oder regionales Targeting)

Regionale Zielgruppen-Selektion erfolgte in der Vergangenheit meist ausschließlich über Anzeigenschaltungen in regionalen Tageszeitungen und über Plakatwerbung. Die anderen Werbemedien inklusive dem Internet eigneten sich nicht oder nur sehr ungenau zur räumlichen Zielgruppenselektion. Zumindest für das Internet hat sich dieser Sachverhalt geändert: Die Lösung heißt Geo-Targeting über AdServer. Realisiert wird die Selektion über eine Identifikation des Einwahlortes. Der Vermarkter Link4Link bietet derzeit beispielsweise eine Differenzierung zwischen 400 Städten und angrenzenden Regionen an (www.link4link.com). Bei der Website www.meinestadt.de sind sogar über 14.000 Städte und Gemeinden einzeln buchbar. Je nach ihrem Einwahlort bekommen Nutzer der identischen Website verschiedene auf sie beziehungsweise ihre Region abgestimmte Werbemittel und/oder -motive angezeigt.

Tech-Targeting

Beim Tech-Targeting werden Betriebssystem- und/oder Provider-Filter zur Zielgruppen-Selektion eingesetzt, das heißt, je nach Software-Nutzung werden dem User differente Werbemittel gezeigt. Im Bereich der Betriebssysteme werden folgende Unterscheidungen getroffen: Macintosh-Nutzer sind typischerweise dem Feld der Freiberufler, Werbe- und Kreativagenturen zuzuordnen. Die Betriebssysteme Windows NT, 2000 und XP werden verstärkt in Firmen eingesetzt. Linux ist nach wie vor ein System für engagierte Computerspezialisten, wohingegen Windows 9x und ME die klassischen Endverbraucher-Systeme bilden. Anbieter eines Tech-Targeting ist der Vermarkter www.adlink.de.

Bandbreitentargeting

Bei dieser Schaltungsfunktion, die beispielsweise von www.freenet.de angeboten wird, wird die Bandbreite und damit die Übertragungsrate des Users analysiert. Nach dieser Analyse wird entschieden, ob an den Nutzer ein klickbarer Video-Stream oder doch besser nur ein Banner ausgeliefert werden sollte.

Serienschaltungen

Diese Schaltungsform ähnelt der Run of Site-Buchung. Während einer Session (geschlossener Nutzungsvorgang eines Webangebotes) werden dem Nutzer verschiedene Werbemittel in einer ganz bestimmten Reihenfolge gezeigt. Zum Beispiel rotes Banner, blaues Banner, Pop up. Auf diese Weise lassen sich dramaturgische Spannungsbögen über ein einzelnes Werbemittel hinaus erzeugen. In den klassischen Print-Medien ist diese Werbeform als Anzeigenstrecke bekannt. Durch geschickte Wiederholungen lässt der Werbetreibende den Nutzer seine Botschaft und sein „Brandzeichen“ lernen. Anbieter dieser Buchung ist zum Beispiel www.gmx.de oder www.web.de. Bei Web.de heißt die Funktion „WEB.Line“.

Session-Sponsoring

Das Session-Sponsoring ist ähnlich der Serienschaltung. Jedoch wird der Nutzer während seiner Session exklusiv von nur einem Werbetreibenden und seinen Werbemitteln begleitet. Keine andere Schaltungsform bietet eine höhere Anzahl an Mehrfachkontakten! Auch hier sei als Anbieter www.gmx.de genannt.

Frequency Capping (oder kurz Frequency Cap)

Bei dieser Schaltungsform, die von einigen Anbietern auch „unique" genannt wird, wird die Anzahl an Werbekontakten eines Nutzers mit einem Werbenden während einer Session limitiert (Anzahl vom Werbenden frei wählbar). Auf diese Weise sollen Reaktanzen durch eine übermäßige Penetration vermieden und die Akzeptanz für eine Werbung gesteigert werden. Das Frequency Cap bildet somit quasi den Gegenpart zum Session-Sponsoring.

Database-Targeting

Registrierte Nutzer lassen sich über eine Verknüpfung des AdServers mit der Nutzerdatenbank sehr differenziert ansprechen. Kriterien können sein Alter, Geschlecht, Wohnort/Nielsen-Gebiet, Interessen/Hobbys, Einkommen etc. (je nachdem, wie detailliert die Registrierung erfolgt ist). Als Anbieter sei www.uboot.com genannt.

Personal Ad

Das Personal Ad (Ad als Kurzform für Advertising) basiert auf dem Database-Targeting. Mit der Registrierung des Nutzers auf einer Website (log in) tritt dieser aus der Anonymität. Das Personal Ad – ein Full-Banner (468 ×60 Pixel) – bietet die Möglichkeit, den Nutzer im Werbemittel direkt persönlich anzusprechen, beispielsweise Hallo Herr Meier! Das Personal Ad ist somit eine besondere Schaltungsform, aber auch ein besonderes Werbemittel. Anbieter einer solchen Werbeschaltung ist zum Beispiel www.gmx.de.

WEB.Reach

Hier handelt es sich um eine Sonderfunktion vom Anbieter Web.de, bei der innerhalb einer Woche alle Web.de-Nutzer (gesamte Nettoreichweite) mit einer Online-Kampagne über reichweitenstarke Platzierungen kontaktiert werden.

WEB.Buster

Hier handelt es sich ebenfalls um eine Spezialfunktion von Web.de, bei der 24 Stunden lang ganz Web.de einer einzigen Kampagne gehört. Es wird dabei auf allen Diensten, Services und Magazinen von Web.de geschaltet.

Target Group Planning (TGP)

TGP wird exklusiv von Web.de angeboten. Es werden die technischen und demografischen Nutzerdaten um psychografische Daten, sprich Parameter wie Einstellungen, Interessen und Meinungen komplettiert. Somit kann Web.de die Nutzer seiner Seiten aussagekräftig beschreiben und über „intelligente" AdServer mit Werbung „ohne Streuverluste" direkt ansprechen. Um die psychografischen Daten zu ermitteln, werden auf Web.de nach dem n-ten Verfahren alle vier Wochen 4.000 Nutzer über einen Fragebogen mit einem Ausfüllumfang von circa 20 Minuten befragt. Anhand der Ergebnisse hat Web.de seine Nutzer in neun Milieus geclustert: Lifestyle Kids, Young Explorers, Smart Independents, Mainstream Consumers,

Modern Persumers, Fast Materialists, Urban Professionals, Successful Classics und Senior Traditionalists. Die Milieus sind an die klassischen Sinus-Milieus der TdW (Typologie der Wünsche) angelegt.

Wie kann ich einen AdServer nutzen beziehungsweise wie gelange ich an diese Technologie?

Alle großen Vermarkter verfügen heutzutage über eigene AdServer. Der Werbetreibende muss sich diese Technologie somit nicht separat ins Haus holen; sie ist im Preis inbegriffen. Der Werbetreibende muss jedoch bei der Buchung darauf achten, dass das System optimal eingesetzt wird. Sollte eine Werbeträgersite nicht über einen AdServer verfügen beziehungsweise nicht mit einem solchen System kooperieren, so ist der Schaltungspreis aufgrund der eingeschränkten Möglichkeiten deutlich zu reduzieren. Abschließend werden einige Anbieter von AdServer-Lösungen genannt, bei denen sich ein Werbetreibender über aktuelle Entwicklungen informieren sowie nachfragen kann, ob bestimmte Websites von diesem System im Rahmen einer Kampagne betreut werden können.

- www.accipter.com
- www.doubleclick.com
- www.adsolution.de

In den Ausführungen ist deutlich geworden, dass die Schaltungsmöglichkeiten aktueller Ad-Server den Werbetreibenden vielfältige Möglichkeiten bieten, ihre Zielgruppe optimal zu erreichen. In Bezug auf die Schaltungsmöglichkeiten und -flexibilität ist das Internet allen anderen Werbemedien deutlich überlegen!

Die genannten Schaltungsmöglichkeiten stellen das zur Zeit mögliche Leistungsspektrum der AdServer-Technologie dar. Das heißt nicht, dass jeder AdServer über alle diese Funktionen verfügt. Das Leistungsangebot einzelner AdServer ist mitunter sehr different.

Die Wahl einer Werbeträgersite sollte daher neben den bereits genannten Kriterien von der Tatsache abhängig gemacht werden, ob ein AdServer zur Verfügung steht und ob dieses System auch den gewünschten Leistungsumfang bietet.

Buchungsmöglichkeiten

Im Internet gibt es prinzipiell zwei Möglichkeiten, eine Werbeschaltung zu buchen beziehungsweise einzukaufen: nach AdImpressions (häufiger) oder nach AdClicks.

Buchung nach AdImpressions

Meist werden Werbeschaltungen im Internet nach AdImpressions gebucht. Eine AdImpression bezeichnet die Einblendung eines Werbemittels. Das Werbemittel kann im extremsten Fall bei jedem Aufruf der Werbeträgersite eingeblendet werden. In diesem Fall entsprechen die AdImpressions (Werbemitteleinblendungen) den PageImpressions (Seitenaufrufen). Zählt eine Website durchschnittlich 10.000 PageImpressions pro Woche, kann sie maximal 10.000 AdImpressions an Werbetreibende verkaufen. Die AdImpressions können niemals über den PageImpressions liegen! Werden alle verfügbaren AdImpressions vom Werbenden eingekauft, entsprechen diese somit der Anzahl der PageImpressions, so spricht man von einer Vollbuchung. Vollbuchungen sind jedoch sehr teuer, weshalb in der Regel Teilbuchungen realisiert werden. Das heißt, es werden weniger AdImpressions eingekauft, als PageImpressions vorhanden sind.

Beispiel: *10.000 PageImpressions stehen pro Woche zur Verfügung und somit maximal 10.000 AdImpressions. Es werden jedoch nur 1.000 AdImpressions pro Woche vom Werbetreibenden A eingekauft. Die Werbung des Unternehmens A würde somit durchschnittlich nur bei jedem 10. Seitenaufruf (PageImpressions) eingeblendet werden. Die verbleibenden 9.000 AdImpressions kann der Vermarkter an andere Werbetreibende verkaufen. So ist es zu erklären, dass auf einer Website mal Unternehmen A beworben wird und beim nächsten Aufruf an der gleichen Stelle Unternehmen B.*

Bei der Teilbuchung von AdImpressions werden Reichweiten (gemessen nach Visits) nivelliert. Das heißt, bucht man 10.000 AdImpressions auf einer Website mit 500.000 Visits pro Woche (hohe Reichweite), wird die Werbung genauso oft eingeblendet, als würde man 10.000 AdImpressions auf einer Website mit 50.000 Visits pro Woche (niedrige Reichweite) einkaufen.

Die Option der Teilbuchung bietet dem Werbetreibenden die Möglichkeit, auf jeder Werbeträgersite zu werben und seine Schaltungskosten dabei individuell zu bestimmen. Im TV ist dies beispielsweise nicht möglich, da hat ein Sendeplatz je nach Dauer und Sendezeit immer einen fixen Preis.

Buchung nach AdClicks

Seit kurzem lassen sich Werbeschaltungen jedoch nicht nur nach AdImpressions, sondern auch nach AdClicks buchen. Ein AdClick wird gezählt, wenn ein Online-Werbemittel von einem Nutzer angeklickt wird. Die Response auf eine Werbung ist durch die Erfassung von AdClicks erstmals direkt messbar (just in time). Es werden keine Schätzwerte auf der Basis von Einschaltquoten oder Auflagenzahlen ermittelt, sondern harte Fakten gezählt.

Beispiel: *Kauft ein Werbetreibender beispielsweise 1.000 AdClicks ein, so hat der Vermarkter das Werbemittel so lange beziehungsweise so oft auszustrahlen (AdImpressions), bis 1.000 AdClicks realisiert wurden. Die Anzahl der notwendigen AdImpressions ist somit davon abhängig, wie viele Nutzer, die das Werbemittel gesehen haben, es angeklickt haben. Das Responserisiko liegt beim Vermarkter. Diese prozentuale Verhältniszahl nennt man Click-Through-Rate (CTR).*

Beispiel: *Wurden mit 10.000 AdImpressions beispielsweise 800 AdClicks erzielt, so beträgt die CTR acht Prozent. Interpretation: acht Prozent der Nutzer, die das Werbemittel gesehen haben, haben es angeklickt. Die CTR gilt als qualitative Kennzahl einer Online-Buchung. Je höher die CTR ist, je geringer sind die Streuverluste. Die Höhe der CTR gibt somit Auskunft über die Zielgruppenhomogenität einer Werbeschaltung.*

Selbstredend ist eine Werbebuchung nach AdClicks teurer als eine Werbebuchung nach AdImpressions, weil der Vermarkter beim Verkauf von AdClicks ein wesentlich höheres Risiko trägt. Welches Buchungsmodell günstiger ist, hängt folglich von der prognostizierten CTR ab. Ist sie hoch, sollte man AdImpressions einkaufen, ist sie niedrig, so sollte man AdClicks einkaufen! Hier ist auf Erfahrungswerte zurückzugreifen. Zur Information, die durchschnittliche CTR liegt bei circa 0,5 Prozent.

Abrechnungsmodelle

Im Bereich der Abrechnungs- oder Bezahlmodelle wurden internetspezifische Varianten wie Cost-per-Click generiert, aber auch konventionelle Modelle wie TKP aus den klassischen Medien adaptiert.

TKP-Abrechnung (Tausender-Kontakt-Preis)

Dieses Abrechnungsmodell entstammt den klassischen Medien. Es wird ein fixer Preis für 1.000 Werbemittelkontakte berechnet (Werbemittelkontakte = AdImpressions). Der TKP errechnet sich wie folgt:

$$\frac{\text{Werbekosten}}{\text{AdImpressions}} \times 1.000 = \text{TKP}$$

Beträgt der TKP einer Buchung beispielsweise 40 Euro, so kosten 50.000 AdImpressions 2.000 Euro. Bei der TKP-Abrechnung wird der volle Preis der Schaltung gezahlt, ob ein Nutzer geklickt hat oder nicht. Die Schaltungskosten sind bei diesem Buchungsmodell Fixkosten.

CPC-Buchung (Cost per Click)

Generell erhält man den CPC, indem man die Schaltungskosten durch die realisierten AdClicks teilt. Nach dieser Kennzahl kann man im Nachhinein feststellen, wie teuer der einzelne Klick gewesen ist. Der CPC-Wert stellt eine gute Vergleichszahl für Werbeschaltungen dar.

Durch das hohe Überangebot an Online-Werbeflächen (bedingt durch fehlende gesetzliche und kapazitive Werberestriktionen) konnten zunehmend viele Werbeplätze nicht vermarktet werden. Die Verhandlungsposition der Werbetreibenden wurde gestärkt. Die Vermarkter mussten sich der Forderung nach einem responseorientierten Abrechnungsmodell beugen.

Das Motto lautet: „no click, no pay!"

Bei CPC-Buchungen zahlt der Werbetreibende eine fixe Summe pro AdClick (beispielsweise 2 Euro). Werden nun 10.000 AdImpressions geschaltet, die zu keinem einzigen AdClick führen, werden für die Schaltung keine Kosten berechnet!!! Werden in dem genannten Fall beispielsweise 300 AdClicks erzielt, würden für die Werbeschaltung 600 Euro berechnet werden. Die exakten Kosten einer CPC-Buchung lassen sich somit erst nach Ablauf der Kampagne ermitteln (mit dem Feststellen der exakten AdClick-Werte). Durch Erfahrungswerte lassen sich die AdClicks und damit die Schaltungskosten über die CTR jedoch im Vorfeld recht genau bestimmen. Andererseits, wenn die Nutzer anbeißen – sprich klicken, zahlt man doch gerne. Eine CPC-Buchung ist eine responseorientierte Buchung; die Buchungskosten sind reine variable Kosten.

Pay per Call-Buchung (auch Pay by Call oder Cost per Call genannt)

Ähnlich wie Cost per Click-Schaltungen funktionieren auch Pay per Call-Anzeigen. Auf einer Internetseite wird einem User eine Werbeanzeige gezeigt (zum Beispiel Banner). Klickt dieser darauf, erscheint eine Informationsseite mit Angaben zum Unternehmen samt einer kostenlosen Telefonnummer. Die kostenlose Telefonnummer wird von einem Drittanbieter bereitgestellt, der für die Vermittlung eines Gespräches zusätzlich zu den Telefongebühren auch eine Provision berechnet (circa ein bis zwei Euro). Calls können gut und gern zehnmal so viel kosten wie Klicks. Der Vorteil von Pay per Call-Anzeigen liegt jedoch darin, dass der Kunde von einem fachlich kompetenten Mitarbeiter über das gewünschte Produkt im direkten Dialog informiert wird und keine aufwändige Kommunikation via E-Mail oder Internet stattfinden muss. Die Transaktionswahrscheinlichkeit ist hier um ein Vielfaches höher einzustufen.

FindWhat.com, Entwickler und Erfinder von performance-based Marketing-Dienstleistungen und Eigentümer von Espotting hat bereits einen Pay per Call-Service eingeführt. In den USA ist Citysearch als Pay per Call-Anbieter zu nennen.

CPA-/CPO-Buchungen (Cost per Action/Cost per Order)

Die CPA-Buchung (auch CPO-, CPS (Cost per Sale) oder CPL (Cost per Lead) genannt) geht noch einen Schritt weiter als die beschriebenen Buchungen: CPA-Buchungen sind erfolgsorientierte Buchungen! Bei diesem Modell werden dem Werbetreibenden nur Kosten in Rechnung gestellt, wenn der Nutzer auf der Site des Werbetreibenden eine vordefinierte Aktion ausgeführt hat. Sie haben richtig gehört! Das Risiko, dass die Site des Werbetreibenden schlichtweg schlecht ist, die Navigation unzumutbar oder das Angebot unlukrativ, wird auf den Werbevermarkter verlagert. Dieses Abrechnungsmodell spiegelt die Notlage vieler Online-Vermarkter wider. Ein stärkeres Entgegenkommen ist kaum vorstellbar.

Das Motto lautet: „no success, no pay!“

Beispiel: *Besteht das Werbeziel darin, Produkte auf der Website des Werbetreibenden direkt session-based an Nutzer zu verkaufen, die über ein Werbemittel geworben wurden, so würde für jedes verkaufte Produkt ein fixer Betrag an den Vermarkter entrichtet werden. Analog zur CPC-Buchung lassen sich die finalen Schaltungskosten erst nach dem Ende der Kampagne ermitteln.*

Als Maß für die CPA-Buchung gilt die Conversionrate (zu deutsch etwa Umwandlungsrate). Die Conversionrate gibt prozentual an, wie viele AdClicks in Leistung (hier Verkäufe) umgewandelt werden konnten.

Ermittelt werden die Conversions beziehungsweise die Conversionrate über ein sogenanntes Post-Click-Tracking. Ein Post-Click-Tracking ist ein Webtracking (Ermitteln von Leistungskennzahlen im Internet) über Session-Cookies (temporäre Browsermarkierung zur Nutzeridentifikation), das Aufschluss über die Nutzernavigation nach einem AdClick gibt.

Zur technischen Realisierung eines Post-Click-Trackings wird an den Nutzer mit dem AdClick ein Session-Cookie (auch Session-based-ID genannt) vergeben. Auf der Website des Werbeträgers wird an einer definierten Stelle ein Action-Tag (auch Zähl-Pixel genannt) platziert (in unserem Beispiel würde sich die Platzierung des Action-Tags auf der

Website mit der Kaufbestätigung beziehungsweise Danksagung anbieten). Im Verlauf der Kampagne wird mittels eines Post-Click-Trackings geprüft, ob Session-Cookie und Action-Tag zusammenpassen. Ist das der Fall, wird eine Conversion gezählt.

Selbstredend ist die CPA-Buchung teurer als die CPC-Buchung (die wiederum teurer als die TKP-Buchung ist), weil das Risiko für den Vermarkter wesentlich höher ist. Welches Modell günstiger ist, hängt somit von der Conversionrate ab. Ist diese hoch, sollte eine CPC-Buchung gewählt werden, ist die Conversionrate niedrig, sollte eine CPA-Buchung gewählt werden. Von TKP-Abrechnungen ist aufgrund der beschriebenen Vorteile der response- und erfolgsorientierten Abrechnungen generell abzuraten. Einige Vermarkter sind sich ihrer Attraktivität als Werbeträgersite jedoch bewusst und können es sich durch die hohe Nachfrage leisten, nur TKP-Abrechnungen zu offerieren. Will oder muss das Unternehmen auf einer solchen Site als Werbender präsent sein, muss es wohl oder übel in den „sauren Apfel" der TKP-Abrechnung beißen.

Die beschriebenen Buchungs- und Abrechnungsmodelle sind selbstverständlich kombinierbar. So lässt sich beispielsweise eine Buchung nach Ad-Clicks mit einer CPA-Abrechnung kombinieren usw. Eine generelle Vorteilhaftigkeit kann jedoch nicht bestimmt werden, weil die Wahl für ein entsprechendes Buchungsmodell von der CTR und die Wahl eines Abrechnungsmodells von der Conversionrate abhängt (siehe Ausführungen zuvor). Den Ausführungen zu den Buchungs- und Abrechnungsmodellen ist zu entnehmen, dass die Selektion einer Werbeträgersite stark von den dort angebotenen Buchungs- und Abrechnungsmodellen abhängig ist!

Ein weiterer Aspekt bei der Wahl einer Werbeträgersite sind die Buchungskonditionen der Vermarkter. Diese haben den Charakter allgemeiner Geschäftsbedingungen (AGB). Geregelt sind beispielsweise Punkte wie Mindestauftragsvolumen, Agenturprovision, Zahlungskonditionen, Stornofrist, Buchungsschluss oder die Form der Datenanlieferung. Als Beispiele seien einige Auszüge aus den Buchungskonditionen von Vermarktern genannt:

www.scout24-media.de
Betreiber der Sites wie finance-scout24, auto-scout24 oder immobilien-scout24. Die Stornierung ist hier beispielsweise bis 14 Tage vor Kampagnenstart möglich. Nach Überschreitung dieses Termins wird der volle Betrag in Rechnung gestellt. Die Buchung muss bis spätestens 5 Tage vor Schaltungsbeginn getätigt werden. Die Datenanlieferung kann per E-Mail erfolgen.

www.quality-channel.de
Vermarktet Sites wie Spiegel-Online, GQ.com, VOGUE.COM, Kicker-Online etc. Stornierungen sind bis zu fünf Werktage vor der Erscheinung der Werbung möglich und bedürfen der Schriftform. Die Rechnung ist am Erscheinungstermin der Werbung fällig (gilt speziell für Neukunden). Bei Buchungsvolumen über 300.000 Euro wird ein Rabatt von 20 Prozent gewährleistet.

www.mobile.de

Fullsize-Banner (468 × 60 Pixel) dürfen nur ein „Gewicht“ von 18 Kilobyte haben, Skyscraper 30 Kilobyte. Die Stornofrist läuft hier bereits vier Wochen vor dem Kampagnenbeginn ab. Die Mittelgebühr für Media-Agenturen beträgt 15 Prozent der Netto-Schaltungskosten.

6. Kampagnenschaltung

Das letzte Kapitel beschreibt die Phasen von der Buchungsstrategie bis zur Kampagnenauswertung. Folgende Punkte werden dabei betrachtet:

- Buchungsstrategie und Buchungsplan/ inklusive Cross-Media Case-Study
- Werbemittel-Pretest
- Schaltung des ersten Flights und Optimierung des zweiten Flights
- Kampagnenauswertung und Werbeerfolgsmessung

Buchungsstrategie und Buchungsplan/inklusive Cross-Media Case-Study

Am Anfang steht die Intermediaplanung, das heißt, es wird das für die Werbung geeignetste (oder mehrere) Werbemedium ausgewählt. Dabei sind Aspekte wie Medienpenetration innerhalb der Zielgruppe, Möglichkeiten der selektiven Zielgruppenansprache und Eignung des Werbemediums zum Transport der strategischen Kommunikationsziele zu berücksichtigen. Weiter gilt es, Schwerpunkt-Medien und eventuell Bei-Medien (unterstützende/ergänzende Medien) innerhalb des Media-Mixes festzulegen (siehe Case-Study zur Konvergenzwerbung). Berücksichtigt werden müssen dabei:

- Kampagnenzeitraum und Mindestfrequenz nach Werbedruckaspekten.
- Abstimmung mit saisonalen Effekten und Promotionaktionen.
- Einteilung der Kampagne in zeitliche Etappen und Festlegen einer entsprechenden Frequenz- und Werbedruckgewichtung (Berücksichtigen vom Penetrationsvorlauf beim Bewerben von Ereignissen, Aktualitätsanspruch speziell im Internet etc.).
- Wellentaktik (zyklische Werbepräsenz), durchgängige Werbezeitraumabdeckung oder punktueller Paukenschlag.
- Media-Mix-Strategie (Cross-Media) oder Mono-Strategie (zum Beispiel nur Internet) festlegen.
- Bei Entscheidung für Media-Mix zeitliche Einsätze der Mediengattungen festlegen (eventuell Staffelung).
- Räumliche Schwerpunktgebiete definieren.

Ist die Intramediaplanung abgeschlossen, folgt die Media-Feinplanung, auch Intermediaplanung genannt. In dieser Phase werden die einzelnen Werbeträger (zum Beispiel www.stern.de) und die Werbemittel (zum Beispiel Banner) festgelegt und in einer Tabelle, dem Buchungsplan, aufgeführt. Der Buchungsplan ist in der klassischen Mediaplanung auch als „Frequenzplan" bekannt. Die Tabelle umfasst weiter die Anzahl der gebuchten AdImpressions oder AdClicks, die Schaltungskosten, den Belegungszeitraum, die URL der belegten Website, die Buchungsdeadlines, Stornofristen und Anlieferungstermine für die Werbemittel. Generell hilfreich ist es, ein Organigramm zu erstellen, das alle Ansprechpartner inklusive Kontaktdaten beinhaltet und Kompetenzen sowie Zuständigkeiten klärt. Das Organigramm sollte der Agentur (Werbeagentur, Media-Agentur etc.)

und dem Kunden beziehungsweise werbenden Unternehmen vorliegen.

Nachfolgend werden noch einige Besonderheiten von Online-Werbeschaltungen genannt.

AdImpressions

Nach eigenen Erfahrungen bietet es sich an, eine Mindestgrenze von circa 50.000 AdImpressions für eine Website festzulegen (bei einer Schaltungsdauer von vier Wochen). Damit diszipliniert man sich, nicht mit zu wenigen AdImpressions auf zu vielen Websites zu werben. Wenn die Werbung beispielsweise nur bei jedem 50. Seitenaufruf (PageImpression) eingeblendet werden würde, würde der Nutzer eine erinnerte Werbung nicht wiederfinden, und der Werbetreibende hätte seine Mühe, die Richtigkeit der Werbeschaltung und die korrekte Funktionsfähigkeit der Werbemittel zu überprüfen. Eine solche Überprüfung der Werbeschaltung durch den Werbenden ist von großer Wichtigkeit, da leider vielfach Werbemittel nicht korrekt angezeigt werden oder nicht funktionsfähig sind. Ferner können Tag-Befehle oder Verlinkungen falsch beziehungsweise defekt sein.

Aktualisierungszwang

Eine Besonderheit der Online-Werbung ist jedoch die Tatsache, dass das Internet stark vom Neuheitswert geprägt ist. Eigenerfahrungen ergaben, dass die AdClicks bei Konstanthaltung des Werbemittels und der Platzierung bereits nach zwei Wochen merklich und nach vier Wochen drastisch abnehmen. Eine Werbeschaltung im Internet unterliegt somit einem permanenten Erneuerungszwang und sollte unverändert nicht länger als maximal vier Wochen dauern.

Cross-Media Case-Study

Cross-Media, auch als Konvergenzwerbung bekannt, ist keine separate Werbeform, sondern eine medienübergreifende Gesamtstrategie. Cross-Media lässt sich als eine integrierte Kommunikation, in der Marketingmaßnahmen über mehrere Instrumente in klassischen Medien und Online durchgeführt werden, beschreiben. Das Ziel dieses modernen Ansatzes besteht darin, Synergieeffekte zu nutzen. Die Werbebotschaft soll nicht nur auf einem anderen Werbekanal kostengünstig wiederholt werden, sie soll um fehlende Möglichkeiten ergänzt werden. Es gilt, die unterschiedlichen Vorteile und Reizwirkungen der einzelnen Medien dabei optimal auszunutzen und zu kombinieren. Im Rahmen des Cross-Media-Ansatzes lassen sich unterschiedliche Kommunikationsziele auf den jeweils bestgeeignetsten Kommunikationskanälen zielführend zu einer Gesamtkampagne vereinen. Veranschaulicht werden soll der Cross-Media-Ansatz durch ein Praxisbeispiel der SevenOne Interactive GmbH (Partner für die Vermarktung interaktiver Medien der ProSiebenSat.1 Media AG) für den Spirituosenhersteller „Ramazzotti“. SevenOne Interactive offeriert generell individuelle Kombinationsmöglichkeiten für die Medienbereiche TV, Teletext, Online und Mobil-Entertainment.

Hintergrund:

Ramazzotti ist eine der erfolgreichsten Marken auf dem Spirituosen-Markt. Die neue Kampagne hatte das Ziel der Markenauffrischung. Die Kampagne war emotional ausgerichtet. Betont wurde der italienische Flair durch den Claim „Tu mi piaci“ (zu deutsch „ich mag dich“), der bereits das zentrale Element des vorherigen TV-Spots darstellte. Zur Penetration des Claims wurde ein Gewinnspiel entwickelt, das in TV, Online, am POS und über Promotion-Maßnahmen kommuniziert wurde. Ziel des Gewinnspiels und insbesondere des Online-Auftritts war es, schon im Vorfeld die Aufmerksamkeit der Ramazzotti-Zielgruppe zu gewinnen und die Konsumenten auf den neuen Spot einzustellen.

Umsetzung:

Im Zuge des Frontloading wurde zur besonderen Unterstützung der Erstausstrahlung das Instrument der Spot-Premiere verwendet: Die Erstausstrahlung eines 90-Sekunden-Making-of mit anschließender Erstausstrahlung des TV-Spots wurde zeitgleich auf vier Sendern in der Prime-Time durchgeführt. Erstmalig wurde die TV-Spot-Premiere auch zusätzlich ins Internet auf die Website von ProSieben mit einer eigenen Rubrik verlagert. Zeitgleich mit der TV-Ausstrahlung waren auch hier das Making-of sowie der TV-Spot über moderne Streaming-Technologie abrufbar. Besondere Aufmerksamkeit erhielt die Seite durch das an gleicher Stelle auf ProSieben.de stattfindende Gewinnspiel, in dem passend zum italienischen Flair ein knallroter Alfa Romeo Spider ausgelobt wurde. Die Aufgabe des Online-Gewinnspiels bestand darin, den Claim „Tu mi piaci“ auf deutsch zu übersetzen. Die gleiche Gewinnspielfrage wurde den Zuschauern auch im Teletext auf einer 1/1 Werbeseite mit anschließender Rollseite gestellt. Auf dieser konnten die Zuschauer ihre Antwort über eine 0185-Telefonnummer abgeben, auf die auch in der Spot-Premiere hingewiesen wurde. Im Teletext wurde die Gewinnspielseite durch die Belegung von zwei Topzeilen auf den Seiten 720 (Spiele) und 430 (TV-Promis) beworben. Die nachfolgenden Abbildungen zeigen Screens der Kampagne.

Abbildung 48: Screens des TV-Spots „Tu mi piaci“

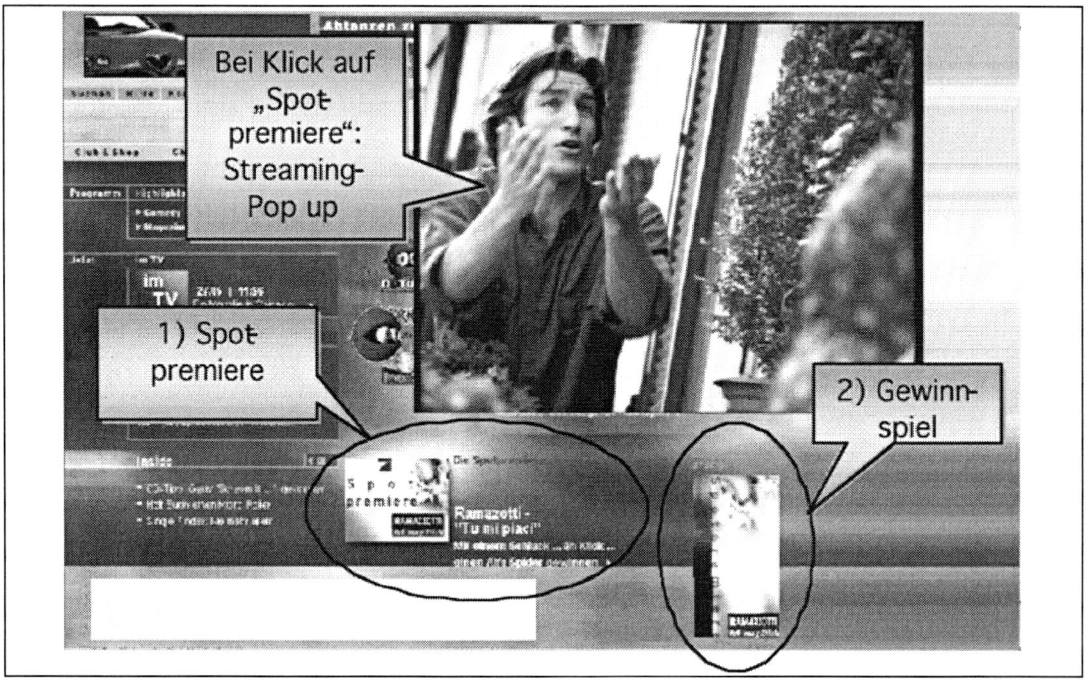

Abbildung 49: Spot-Premiere auf ProSieben.de

Abbildung 50: Teletext Gewinnspiel (Online und Telefon)/zwei Topzeilen auf den Seiten 720 (Spiele) und 430 (TV-Promis)

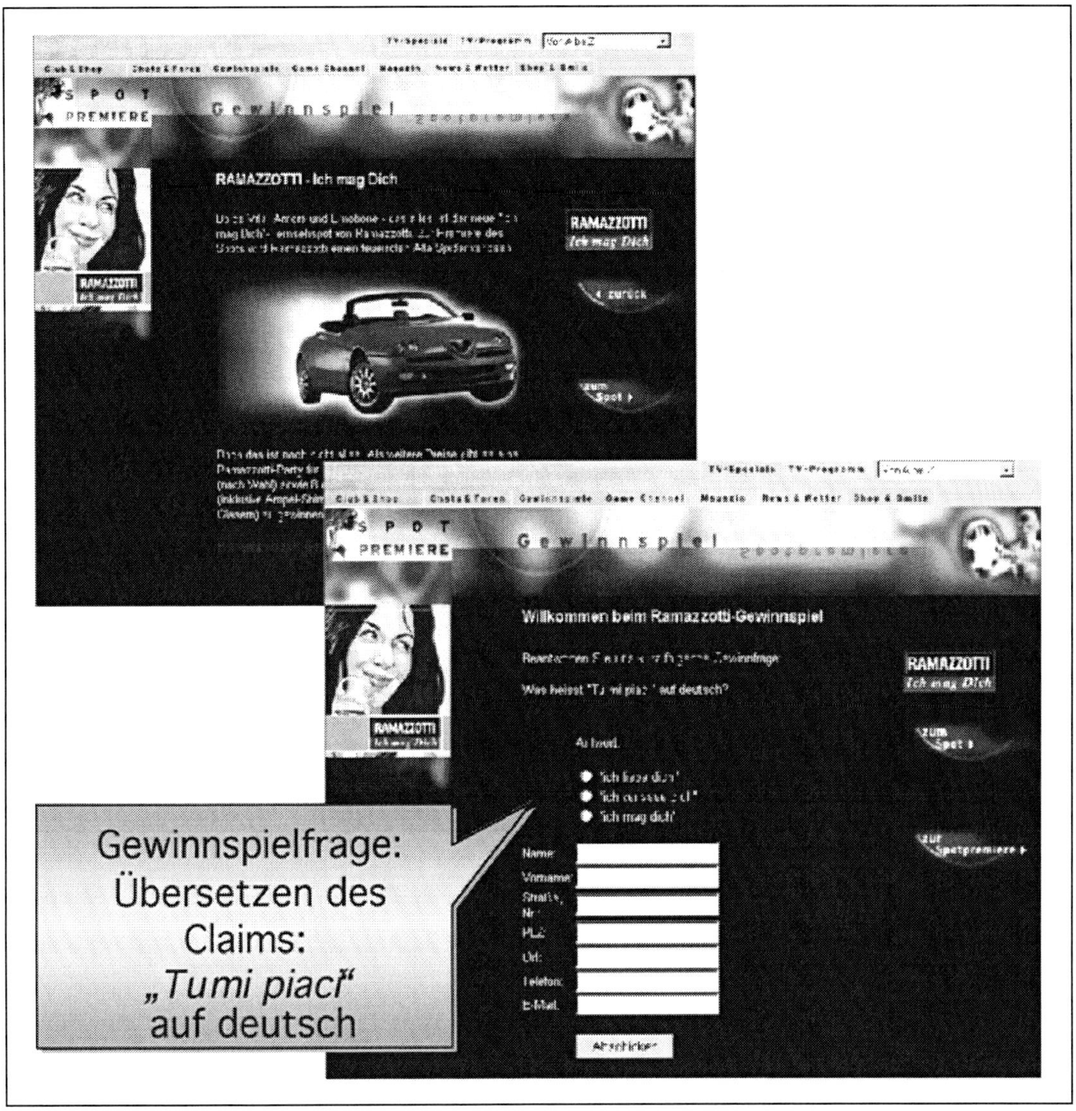

Abbildung 51: Gewinnspiel auf ProSieben.de

Ergebnis:

Die gezeigte Ramazzotti-Kampagne veranschaulicht, wie sich in kreativer Hinsicht tragende Kampagnenelemente über verschiedene Mediengattungen hinweg zu einem schlüssigen Gesamtbild für den Konsumenten formen. Die Reichweite des TV wurde um die Interaktivität des Internets zur Realisierung des Gewinnspiels erweitert. Es wurden dabei Click-Through-Rates der Online-Werbemittel von bis zu 2,44 Prozent ermittelt (der Durchschnitt liegt mittlerweile unter 0,5 Prozent). Ferner wurde eine Conversionrate der Gewinnspielseite von circa 94 Prozent ermittelt (Gewinnspielteilnehmer im Verhältnis zu PageImpressions Gewinnspielseite). Die Leistungszahlen deuten auf ein hohes Involvement der Nutzer hin. In den vier Wochen der Online-Schaltung nahmen über 70.000 Interessenten an dem Online-Gewinnspiel teil. Gleichzeitig wurde bei den Teilnehmern durch die Bewegbild-Einbindung der TV-Spots auch eine direkte Verbindung zur Marke und der Kampagnenaussage von Ramazzotti hergestellt. Insgesamt wurden die Streamings über 150.000-mal abgerufen. Auf der Gewinnspielseite konnte eine Click-Through-Rate von über 5 Prozent auf Making-of oder TV-Spot realisiert werden.

Werbemittel-Pretest

Der Köder muss nicht dem Angler, sondern dem Fisch schmecken!

Diese elementare Erkenntnis findet in der Praxis leider wenig Beachtung, dabei ist sie von zentraler Relevanz. Einzig und alleine die Meinung des Kunden oder Nutzers ist von Bedeutung – nichts anderes. Vor diesem Hintergrund macht es keinen Sinn, die Auswahl eines Werbemittels oder Motivs beispielsweise dem Marketing- oder Werbeleiter zu überlassen, seine persönliche Meinung sowie sein persönliches Ästhetikempfinden sind gänzlich unerheblich! Die infrage kommenden Werbemittel sollten daher vor der finalen Kampagnenschaltung einem Pretest (Vor-Test) unterzogen werden.

Die Möglichkeiten der Rotationsbuchungen (speziell Run of Network) durch den Einsatz von Ad-Servern werden von einigen Vermarktern dazu genutzt, Werbemittel-Pretests durchzuführen. Alternative Werbemittel mit abgeänderten Farbgebungen, Werbemotiven und/oder Werbetexten werden über AdServer in einem Netzwerk aus verschiedenen Rubriken gestreut. Eine solche Schaltung dauert in der Regel nur wenige Stunden. Der Vermarkter Link4Link (www.link4link.com) bietet für Pretests beispielsweise ein Netzwerk mit circa 500 Sites und 30 Themenrubriken (zum Beispiel Wirtschaft, Reise, Sport etc.) an. Zur Zeit können bei Link4Link nur Voll-Banner getestet werden. Pro Test werden etwa 250.000 bis 500.000 AdImpressions realisiert. Das Ergebnis kann somit als repräsentativ angesehen werden. Der Preis für einen Pretest mit 250.000 AdImpressions (Werbemitteleinblendungen) beträgt etwa 6 Euro (vom Auftragsvolumen abhängig). Im Test-Reporting werden die Kennzahlen AdClicks und CTR getrennt nach Rubriken und einzelnen Sites (Platzierungen) ausgewiesen. Auf diese Weise kann der Werbetreibende bereits im Vorfeld sehr genau sehen, auf welchen Websites und in welchen Rubriken welche Werbemittel am besten performen.

Einen besonderen Service bietet beispielsweise Web.de mit dem WEB.ADTest an. Es handelt sich hier nicht nur um eine Auswertung von Counter-Parametern wie AdClicks, sondern Web.de unterstützt die Interessenten bereits in der Kreativphase mit wichtigen Informationen über die Erfolgsparameter eines Werbeformates. Web.de nutzt verlässliche Forschungsergebnisse und gibt aufbauende Handlungsempfehlungen. WEB.ADTest bietet auch die Möglichkeit, durch Online-Befragung qualitative Reaktionen der Web.de-Nutzer auf die Test-Werbung zu erheben. Informationen gibt es per E-Mail unter advertising@web.de

Die Leistungswerte einer Kampagne lassen sich mit einem Pretest deutlich steigern!

Schaltung des ersten Flights und Optimierung des zweiten Flights

Wurde die Online-Mediaplanung bis hier hin durchlaufen, wird der erste Flight geschaltet. Der Begriff Flight entstammt der Werbepraxis und bezeichnet die Online-Schaltung der Werbekampagne nach dem Buchungsplan. Aufgrund des bereits beschriebenen Aktualisierungszwangs von Online-Werbekampagnen besteht eine Schaltung in der Regel aus mehreren Flights. Wie erwähnt, sollten alle Werbeschaltungen vom Werbetreibenden umgehend nach dem Kampagnenstart auf ihre Korrektheit und Funktionsfähigkeit überprüft werden, da die Praxis gelehrt hat, dass viele Werbeschaltungen fehlerhaft umgesetzt werden. Sollten Fehler festgestellt werden, werden diese vom Vermarkter behoben und der Werbetreibende erhält üblicherweise zusätzliche kostenlose AdImpressions. Als problematisch erweisen sich Werbeschaltungskontrollen, wenn das Verhältnis von PageImpressions zu AdImpressions zu gering ist. Die Werbemittel sind in solchen Fällen nur schwer aufzufinden, was nochmals für die Festlegung einer Mindestgrenze an AdImpressions spricht.

Reporting und Optimierung

Der Werbetreibende erhält normalerweise vom Vermarkter oder der Media-Agentur wöchentlich ein Reporting, das dem Buchungsplan ähnelt und die Kampagnenleistungszahlen ausweist. Einige Vermarkter bieten dem Kunden auch ein Realtime-Tracking an. In diesem Fall kann der Werbende über eine eigene URL 24 Stunden am Tag die Leistungswerte seiner Schaltung abfragen und quasi „just in time“ mitverfolgen, wie sich die Werte ändern. Die nachfolgende Abbildung 52 auf Seite 102 zeigt beispielhaft ein Reporting.

Die Kostenangaben der Abbildung 52 sind in DM. Es ist darauf hinzuweisen, dass an dieser Stelle nicht der einzelne monetäre Wert im Vordergrund steht, da dieser von vielfältigen Variablen abhängig ist, sondern dass dieses Muster nur dazu dienen soll, einige Grundsatzüberlegungen aufzuzeigen.

Unter der Spalte „gebucht“ stehen die AdImpressions sowie deren Kosten so, wie sie eingekauft wurden. Unter der Spalte „geleistet“ stehen die Daten der ersten von vier Wochen. In der ersten Woche wurden von den gebuchten 70.000 AdImpressions auf der ADAC-Website beispielsweise erst 17.940 ausgeliefert. Entsprechend dem Verhältnis der Buchungswerte lassen sich für diese 17.940 AdImpressions Kosten von 844,30 DM ermitteln. In der ersten Woche führten diese 17.940

Internetsite	Platzierung	Datum		Breite	Höhe	gebucht		geleistet				
Umfeld Auto / Reise		von	bis			Kosten	AI	Kosten	AI	AC	CTR	CPC
ADAC [1]	Test & Technik	23.04.2001	20.05.2001	200	300	3.294,38	70.000	844,30	17.940	34	0,18	24,83
AdLive Reisekombi	Rotation	23.04.2001	20.05.2001	468	60	6.388,59	750.000	382,50	44.904	50	0,11	7,65
Autouniversum	Home	23.04.2001	20.05.2001	200	300	5.457,29	113.739	1.094,49	22.811	83	0,36	13,19
Deutsche Bahn	Homepage	23.04.2001	20.05.2001	468	60	3.833,16	150.000	984,02	38.507	53	0,14	18,57
Sportal.de [1]	Homepage	23.04.2001	20.05.2001	200	300	4.259,06	100.000	1.062,29	24.942	81	0,32	13,11
Sports.com [1]	Homepage	23.04.2001	20.05.2001	200	300	4.259,06	100.000	1.187,51	27.882	91	0,33	13,05
Summe						27.491,54	1.283.739	5.555,11	176.986	392		
Verhältnis der Summenzeile											0,22	14,17

AI = AdImpressions
AC = AdClicks
CTR = Click-Through-Rate
CPC = Cost per Click

Abbildung 52: Muster-Reporting der ersten Schaltungswoche

AdImpressions zu 34 AdClicks. Teilt man nun die AdClicks durch die AdImpressions und multipliziert das Ergebnis mit 100, erhält man den CTR-Wert (hier 0,18 Prozent). Das heißt, 0,18 Prozent der Nutzer, die das Werbemittel gesehen haben, haben es angeklickt. Da die 34 AdClicks 844,30 DM gekostet haben, lässt sich der Preis für einen Klick (CPC) mit 24,83 DM bestimmen. Es sei nochmals darauf hingewiesen, dass es nicht um die einzelnen Werte, sondern lediglich um die Interpretation geht. Die anderen Spalten sind analog zu lesen.

Hinweis: Da das Verhältnis zwischen den gebuchten und geleisteten Werten nicht auf jeder Website gleich ist (beispielsweise 4/1), lassen sich die Spalten zwar aufsummieren, in der Summenzeile sind die Verhältnisse zwischen gebuchten und geleisteten Werten ohne statistische Korrekturmaßnahmen (gemittelter Durchschnittspreis pro AI multipliziert mit der Gesamtmenge) jedoch nicht stimmig.

Optimierungsansätze:

Optimierung nach AdClicks

Eine Optimierung nach AdClicks ist wenig sinnvoll, da die Anzahl der AdClicks in der Regel stark mit der Anzahl der AdImpressions korreliert, das heißt, sind die AdImpressions hoch, ist auch die Anzahl der AdClicks hoch. Wäre die Anzahl der AdImpressions in allen Buchungen gleich, so könnte man eine Optimierung nach AdClicks in Erwägung ziehen. In der Praxis ist das jedoch fast nie der Fall.

Optimierung nach der CTR

Eine Optimierung nach der CTR ist sinnvoll, da sie das Verhältnis von AdClicks zu AdImpressions widerspiegelt und somit unabhängig ist. Nach der CTR müsste für den zweiten Flight beispielsweise die Platzierung AdLive Reisekombi (CTR = 0,11 Prozent) gestrichen werden. Die Zielgruppenaffinität ist auf dieser Website am geringsten. Die Buchung auf Autouniversum (CTR = 0,36 Prozent) sollte im zweiten Flight forciert werden.

Optimierung nach dem CPC

Nach dem CPC müssten eben noch forcierte Buchungen wie Autouniversum gestrichen und gestrichene Buchungen wie AdLive Reisekombi wiederum aufgenommen werden.

Interpretation und Empfehlung:

Die CTR ist eine qualitative und der CPC eine quantitative/wirtschaftliche Kennzahl. Autouniversum ist eine Special-Interest-Site. Die Rotationsbuchung im AdLive-Netzwerk „Reisekombi" weist eher General-Interest-Charakter auf. Qualitative und quantitative Sites können somit nicht mit dem gleichen Maßstab gemessen werden. Zielgruppenaffine Platzierungen sind immer teurer als nicht zielgruppenaffine. **Qualitative Websites sollten somit nach qualitativen Kennzahlen (wie CTR oder Conversionrate) bewertet werden und quantitative beziehungsweise preisgünstige nach wirtschaftlichen Kriterien (CPC oder CPA).**

Nun könnte man geneigt sein zu sagen, alles Unsinn, warum sollte man in diesem Beispiel für einen AdClick mehr bezahlen als 7,65 DM. Es ist doch egal, von welcher Website die Nutzer kommen, solange sie nur kommen. Die Aussage wäre richtig, wenn man unterstellen könnte, dass Klick gleich Klick ist und es keine Ausstrahlungseffekte geben würde. Man ginge also davon aus, dass ein Nutzer, der über eine Website aus dem AdLive Reisekombi auf die Website des Werbetreibenden gelangt, genau ein so hohes Kundenpotenzial hat, wie ein Nutzer, der von der Site Autouniversum kommt. An der CTR sieht man bereits, dass die Zielgruppenaffinität bei Autouniversum höher ist. Genaue Aussagen können jedoch nur über ein Post-Click-Tracking getroffen werden. Aufgrund der bereits genannten Ausstrahlungs- und Imageeffekte im Netz kann es sich ein Werbetreibender jedoch nicht leisten, nur auf Seiten wie www.kostnix.de zu werben.

Sollte eine Platzierung schlecht performen, so können während der Dauer eines Flights lediglich die Werbemittel über die AdServer ausgetauscht werden; die Platzierungen gelten aufgrund der Tatsache, dass sie vertraglich „eingekauft" wurden, als Datum. Sollte ein Werbemittel auf einer Common-Interest-Site schlecht performen, so ist es meist nicht aufmerksamkeitsstark und emotional genug. Das Gegenteil gilt für Special-Interest-Sites (siehe bereits unter Werbemittelkreation genannte Empfehlungen).

Schaltung des zweiten Flights:

Unter Berücksichtigung der Erkenntnisse und Erfahrungen aus dem ersten Flight wird in Analogie der zweite Flight geschaltet. Aufgrund des bereits beschriebenen **Aktualisierungszwangs** sollten gut gelaufene Buchungen jedoch nicht unverändert übernommen werden. Es gilt, die Werbemittel oder die Platzierungen zu variieren. Der Platzierung wird dabei als Variable ein höherer Stellenwert als dem Werbemittel beigemessen. Fundierte empirische Ergebnisse existieren hierzu jedoch derzeit nicht. Für den zweiten Flight werden somit neue Werbemittel benötigt. Da in einem Flight in der Regel mehrere unterschiedliche Werbemittel eingesetzt werden, bietet es sich an, diese für den zweiten Flight jeweils innerhalb der zielgruppenbezogenen beziehungsweise nicht zielgruppenbezogenen Sites auszutauschen.

Es bietet sich ferner an, zu gut gelaufenen Schaltungen ähnliche Sites für den zweiten Flight in den Buchungsplan aufzunehmen. Lief beispielsweise ein Werbemittel auf www.faz.de sehr gut, so ist die Wahrscheinlichkeit sehr hoch, dass es auch auf einer Site wie www.sueddeutsche.de gut laufen wird. Die Website www.faz.de könnte somit für den zweiten Flight gegen die Website www.sueddeutsche.de getauscht werden.

Bei **Run of Network-Buchungen** ist ein Wechsel des Werbemittels nicht notwendig, da dieses in einem großen Netzwerk rotiert und somit die Wahrscheinlichkeit der Mehrfachkontakte eines Nutzers mit dem Werbemittel eher gering ist.

Bei **Rotationsbuchungen innerhalb eines Webauftritts** werden im Reporting die Leistungskennzahlen jeder Platzierung separat ausgewiesen. Es stellt sich somit im Reporting des ersten Flights beispielsweise heraus, dass das Werbemittel auf einer bestimmten Unterrubriksite signifikant höhere Werte als auf allen anderen Websites dieses Webauftritts erzielen konnte. In solchen Fällen empfiehlt es sich zu versuchen, anstatt der bisherigen Rotation exklusiv die entsprechende Unterrubriksite für den zweiten Flight zu buchen.

Die weiteren Schritte des zweiten Flights entsprechen denen des ersten: Schalten, Kontrollieren, Auswerten und Optimieren.

Kampagnenauswertung und Werbeerfolgsmessung

In den vorangegangenen Kapiteln wurden die einzelnen Werbemedien sowie ihre unterschiedlichen Werbeformen und Kosten betrachtet. Nun stellt sich neben der Frage, was etwas kostet auch immer die Frage, was es bewirkt. Die Kampagnenauswertung und Werbeerfolgsmessung betrachtet eben genau diese Frage.

Begrifflichkeiten und Grundsätze der Werbeerfolgsmessung

Der Werbeerfolg ist neben der Werbewirkung Teil der Werbeeffizienz. Das primäre Ziel der Wirtschaftswerbung ist per Definition die Absatzförderung oder Ergebnisverbesserung. Der Werbeerfolg wird durch ökonomische Faktoren wie Kostenreduktion, Umsatz- oder Verkaufszahlensteigerung bestimmt. Die außer- oder vorökonomischen Faktoren wie Produktwissen, Markenbekanntheit oder Image sind dabei als mehr oder weniger unbedingte Voraussetzungen für das Erreichen der ökonomischen Zielsetzungen anzusehen.

Der Werbeerfolg betrachtet den Wirkungsprozess als Blackbox, hier werden nur Input (Werbung) und Output (Response) in Relation zueinander gesetzt (siehe Abbildung 53). Die Folge ist, dass eine Optimierung ausschließlich nach dem Trial und Error Prinzip erfolgen kann. Die einzelnen Stellglieder bleiben hier unbekannt.

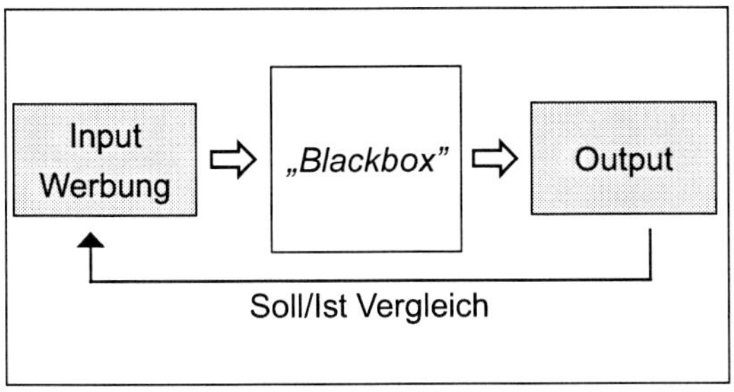

Abbildung 53: Schema der Werbeerfolgsmessung

Bei der Werbewirkungsanalyse hingegen geht es darum, das Zustandekommen von Wirkungen zu analysieren. Werbewirkung lässt sich dadurch charakterisieren, dass eine kognitive, affektive und konative Beeinflussung der Einstellung stattfindet.

- Kognitive Dimension: Bekanntheit und Kenntnis der Werbung/Marke, Vertrautheit mit dem Angebot.
- Affektive Dimension: Akzeptanz durch positive Einstellung und emotionale Zuwendung, Wecken von Begehrlichkeiten. Präferenz des Angebotes gegenüber Mitanbietern.
- Konative Dimension: Überzeugung und Kaufabsicht als finale Handlung.

Die folgende Abbildung zeigt das Schema der Werbewirkungsanalyse:

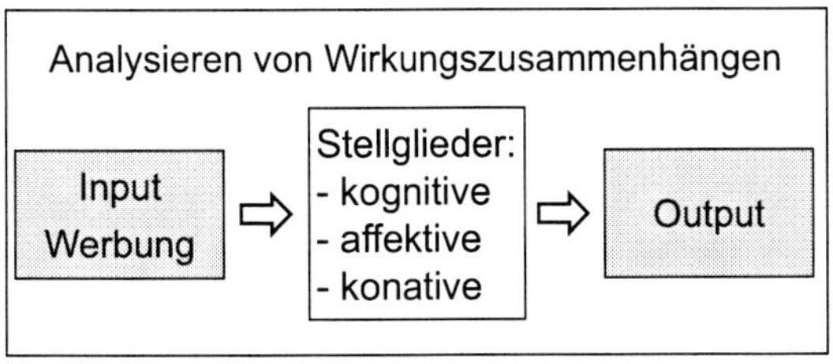

Abbildung 54: Schema der Werbewirkungsanalyse

Nur wenn beide Faktoren bekannt sind (Werbeerfolg und Werbewirkung), kann die Werbeeffizienz gezielt verbessert werden. Somit gilt:

Werbeerfolg + Werbewirkung = Werbeeffizienz

Werbeerfolgsmessung innerhalb der klassischen Medien (TV, Radio, Print, Plakat)

Um die Leistungen der Online-Werbeerfolgsmessung beurteilen zu können, ist es unumgänglich, einen kurzen Blick auf den Offline-Bereich zu werfen.

Die klassischen Werbemedien sind per Definition nicht interaktiv. Die Kommunikation erfolgt nur in eine Richtung. Eine direkte Responsemessung ist daher nicht möglich. Die klassischen Medien sind somit nicht zählbar. Man hat hier auf der Basis von Einschaltquoten, Auflagen oder Reichweiten nur Anhaltspunkte, die im Nachhinein eine grobe Schätzung der Anzahl an erreichten Personen ermöglichen. Da der Absatz jedoch neben der Werbung noch von Faktoren wie Preis, Qualität oder Konkurrenzmaßnahmen abhängt, ist eine Aussage über die direkte Korrelation zwischen Werbung und Absatz nur sehr bedingt zu treffen. Um den Werbeerfolg dennoch messbar zu machen, wurden sogenannte Testmärkte ins Leben gerufen (zum Beispiel „GfK Behavior-Scan" in Hassloch oder das neue „Test TV" von Bonsai Deutschland in Bremen). In dieser Testumgebung besteht die Möglichkeit, die genannten „Störvariablen" nach dem wissenschaftlichen Grundsatz „ceteris paribus" zu einem Großteil konstant zu halten und somit zu isolieren, um die Korrelation zwischen Werbung und Absatz messtechnisch zu erfassen.

Die Aufmerksamkeit auf eine Werbung wird als Werbe-Awareness bezeichnet. Um die Werbe-Awareness innerhalb der klassischen Medien messbar zu machen, untersucht man die Gedächtniswirkung der Rezipienten. Dies erfolgt durch Tests oder Befragungen im Rahmen einer Ex-Post-Analyse. Bei den Messverfahren zur Gedächtniswirkung unterscheidet man zwischen:

- Freier Erinnerung (free bzw. unaided recall)
- Gestützter Erinnerung (aided recall)
- Wiedererkennung (recognition)

Die Ergebnisse dieser Messungen sind als Recall- und Recognitionrates bekannt. Ihnen werden grafisch die Werbeaufwendungen gegenübergestellt. Fehlt hier ein eindeutiger Zusammenhang zwischen den Kurven, so spricht man von einem Wear-Out-Effekt. Bei der Messung der Werbe-Awareness wird unterschieden zwischen:

- Allgemeiner Werbe-Awareness (medienübergreifend): *„Haben Sie in der letzten Zeit Werbung irgendwelcher Art für y (Produktbereich) gesehen, gehört oder gelesen?"*
- Medienspezifischer Werbe-Awareness:
  - Mediengestützte Abfrage: *„Denken Sie einmal an z (Fernsehen/Zeitschriften/Radio ...), an welche Werbung für y (Produktbereich) können Sie sich aus z erinnern?"*
  - Nachträgliche Zuordnung zu einer Mediengattung: *„ Wo haben Sie in letzter Zeit Werbung für x (Marke/Produkt) gesehen, gehört oder gelesen – im Fernsehen, im Radio, in einer Zeitung ...?"*

Vorteile der Werbeerfolgsmessung innerhalb der klassischen Medien:

Die Vorteile der Werbeerfolgsmessung innerhalb der klassischen Medien liegen in dem direkten vis-à-vis Kontakt mit der Zielperson durch die Befragungs- oder Testsituation. Man sieht die Person und kann zusätzliche qualitative Daten wie Alter, Berufsstand oder andere demografische Merkmale erheben. Es lässt sich dadurch in Erfahrung bringen, wen die Werbung erreicht hat.

Nachteile der Werbeerfolgsmessung innerhalb der klassischen Medien:

Um ein repräsentatives Ergebnis zu erzielen, muss die Stichprobe einen entsprechenden Umfang haben und die Probanden müssen innerhalb der selektierten Zielgruppe nach dem statistischen Zufallsprinzip ermittelt werden. Das Verfahren gestaltet sich daher sehr anspruchsvoll, zeitaufwändig und kostspielig. Darüber hinaus stellt der Zeitraum zwischen der Wahrnehmung der Werbung und der Befragung eine schwer kalkulierbare Variable dar, hier können Erinnerungen aus dem Langzeitgedächtnis das Ergebnis beeinträchtigen.

Innerhalb der medienspezifischen Werbe-Awareness konnte ein hoher TV-Bias nachgewiesen werden. Der TV-Bias beschreibt den Sachverhalt, dass die erinnerte Werbung dem Fernsehen zugeordnet wird, obwohl nachweislich keine Fernsehwerbung stattgefunden hat. Ein weiteres Problem der objektiven Messung der Gedächtniswirkung besteht darin, dass die Recognitionwerte stärker vom Interesse des Probanden an der Werbung beeinflusst werden als die Recallwerte. Die Recallwerte hingegen weisen eine höhere Rate an Zufallsfehlern auf.

Werbeerfolgsmessung im Internet

Die im Kapitel „Schaltung und Optimierung“ vorgestellten Leistungskennzahlen (wie CPC oder CTR) sind reine Counter, sie werden daher als passive Messverfahren bezeichnet. Das Ziel der aktiven Messverfahren ist es, die Personen hinter den Seitenzugriffen und AdClicks zu ermitteln. Aktive Messverfahren erheben somit qualitative Daten. In einem weiteren Schritt bieten die aktiven Messverfahren die Möglichkeit, mit dem Nutzer über Online-Befragungen in Interaktion zu treten und Daten über Akzeptanz und Qualität der Werbung zu erheben.

Nutzeridentifikation

Um die Nutzer zu identifizieren, ist man auf deren Mithilfe angewiesen. Bei der Identifikation unterscheidet man zwischen Nutzungen und Nutzern.

- **Nutzungen:**

Die Zugriffe oder Nutzungen lassen sich anhand der einzelnen Browser unterscheiden. Die Browser werden in der Praxis häufig durch sogenannte Cookies oder vergleichbare Markierungen identifiziert. Als Cookies werden geringfügige digitale Codierungen bezeichnet, die von einem Online-Angebot unter Zustimmung des Nutzers in eine designierte Datei seines Browsers geschrieben werden. Der Nachteil der Identifikation von Nutzungen besteht darin, dass persönliche Daten weiter verborgen bleiben. Darüber hinaus kann ein markierter Browser (Internetzugangssoftware) von mehreren Personen genutzt werden und damit die Identifikation verfälschen. Die Identifikation von Nutzungen kann somit nur als Vorstufe der Identifikation von Nutzern gesehen werden.

- **Nutzer:**

Hier werden die Nutzer aufgefordert, sich zu registrieren, um Zugang zu einem Angebot oder Service zu bekommen (Login). Ihnen wird ein Passwort zugewiesen, das sie zukünftig vor der Nutzung des Angebotes eingeben müssen. Damit sind sie exakt identifizierbar. Der Umfang der erhobenen Daten bei der Registrierung ist unterschiedlich. Hier kann es von Name, Alter, E-Mail-Adresse bis hin zu Anschrift, Beruf oder Hobbys gehen. In der Praxis haben sich auch Newsgruppen und Mailinglisten als gute Hilfsmittel erwiesen, um E-Mail-Adressen zu generieren.

Online-Befragungen

Neben den demografischen Nutzerdaten interessieren natürlich auch Aspekte wie Akzeptanz der Werbung, Qualität des Angebotes, Lob oder Kritik. Um diese Fragen zu beantworten, werden elektronische Fragebögen erstellt und über das Netz versendet oder bereitgestellt. Die Schwierigkeit besteht jedoch darin, die Zielpersonen zur Erteilung von Auskünften zu motivieren. Hier haben sich in der Praxis Gewinnspiele oder kleine Preise/Vorteile als sehr wirksam erwiesen. Die Online-Befragung hat den Vorteil, dass sie schnell, unbürokratisch und kostengünstig ist. Andererseits wird durch das Medium und oft auch durch den Anreiz (Preis/Gewinnspiel) eine Vorselektion getroffen, die eine repräsentative Erhebung nur schwer ermöglicht.

Im Weiteren werden exemplarisch die folgenden Sondermessverfahren vorgestellt:

- Google Analytics
- etracker

- Insight XE von Real Media
- SZM-Online-Messverfahren

A) Google Analytics

Mit Google Analytics (http://www.google.com/analytics/de-DE/) stellt Google altruistisch allen Online-Nutzern (somit auch Nicht-Google-Kunden) kostenlos ein leistungsfähiges Analysetool mit mehr als 80 vordefinierten Berichten zur Verfügung! Somit können Anwender sehen, wie Besucher ihre Website erreicht haben und wie sie mit der Website interagierten, welche Keywords und Anzeigen am besten liefen etc. Es lassen sich auch E-Mail-Newsletter, bezahlte Links usw. verfolgen. Ferner können auch Keywords anderer Suchmaschinen getrackt werden, ebenfalls kostenlos. Mit Google Analytics lassen sich Marketingressourcen zielgerichtet einsetzen und die Rendite und damit der Economic Value Added steigern.

Nutzer, die ein Google AdWords-Konto verwenden, können von dort aus direkt auf Analytics zugreifen. Aber auch alle außerhalb der AdWords laufenden Kampagnen können problemlos getrackt werden.

Zur Nutzung von Google Analytics muss lediglich der Tracking-Code auf jeder Website des Nutzers eingefügt werden, der Zeitaufwand beträgt weniger als fünf Minuten. Es ist kein Kauf oder Abonnement erforderlich und es müssen keine Downloads getätigt werden. Selbstverständlich kann der Tracking-Code auch von einem Webmaster, Website-Designer oder Hosting-Anbieter integriert werden.

Mit der Trichterfunktion von Analytics konnte beispielsweise die kanadische Firma BuildDirect Navigationsengpässe identifizieren. Sie konnte feststellen, dass fast die Hälfte der Kunden den Kaufvorgang während des dreistufigen Prozesses zwischen Einkaufswagen und Zahlungsbestätigung abgebrochen hatte. Der Prozess wurde in einem Schritt zusammengefasst. Durch die Vereinfachung ist die Zahl der Musterverkäufe um 100 Prozent gestiegen.

Mit der Funktion Besuchersegmentierung kann über ein GeoTargeting ermittelt werden, aus welcher Region der Nutzer stammt und ob es sich um einen Neukunden oder einen Wiederkäufer handelt usw.

Die Bericht-Ansicht von Google Analytics startet mit dem Kalender (siehe Abbildung 55). Dieser hilft bei der Auswahl der Reportingtage. Die Betrachtungszeiträume reichen von einem Monat bis zu einzelnen Stunden. Die Auswahl erfolgt benutzerfreundlich über ein Pull-Down-Menue.

Abbildung 55: Google Analytics Kalender Funktion

Im ausgewählten Zeitraum werden dann Visits (Besuche) und PageImpressions (Seitenaufrufe) grafisch angezeigt. Ferner wird die durchschnittliche Anzahl an Clicks pro Visit ausgewiesen (sogenannte Nutzungsintensität). Abbildung 56 zeigt hierzu ein Beispiel, in dem jeder User 4,71 Seiten während seines Besuchs aufgerufen hat.

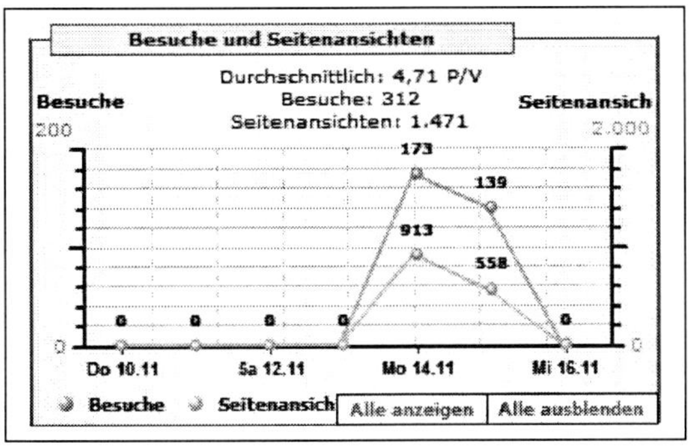

Abbildung 56: Besuche und Seitenansichten

Weiter ist es möglich, in Form eines Kreisdiagramms zu ermitteln, von welchen Websites aus die Nutzer zu einem gekommen sind. Hieraus lässt sich trefflich ableiten, wo Werbeaktivitäten verstärkt und wo eingestellt werden sollten. Abbildung 57 zeigt hierzu ein Beispiel.

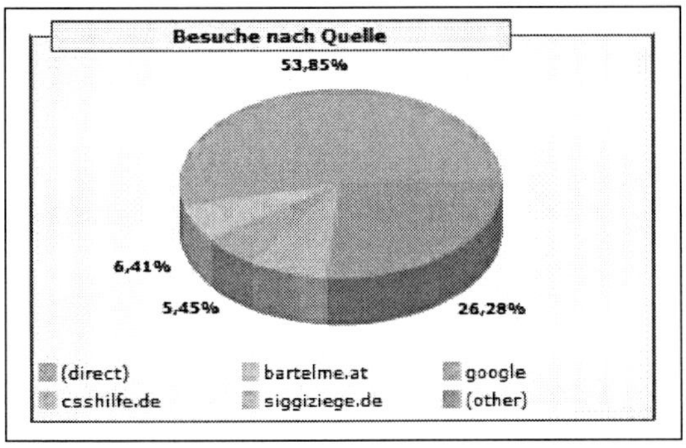

Abbildung 57: Besuche nach Quelle

In der Darstellung „Länderzugriffe" kann über ein GeoTargeting ermittelt werden, woher ein Nutzer stammt. Über eine Kartendarstellung wird die Herkunft gut veranschaulicht (siehe Abbildung 58).

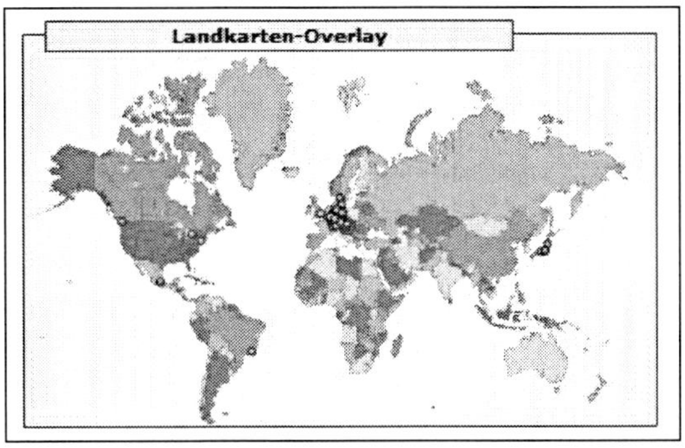

Abbildung 58: GeoTargeting

Hervorzuheben ist auch die Funktion, die jeweils die erfolgreichsten Quellen (Website-Herkunft), Keywords und Kampagnen komprimiert darstellt. So erhält der Betrachter schnell einen Überblick über die wichtigsten Parameter (siehe Abbildung 59).

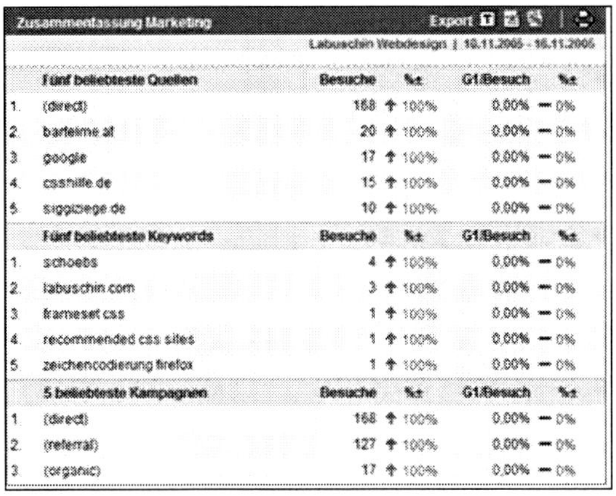

Zusammenfassung Marketing — Export

Labuschin Webdesign | 10.11.2005 - 16.11.2005

	Fünf beliebteste Quellen	Besuche	%±	G1/Besuch	%±
1.	(direct)	168	↑ 100%	0,00%	— 0%
2.	bartelme.at	20	↑ 100%	0,00%	— 0%
3.	google	17	↑ 100%	0,00%	— 0%
4.	csshilfe.de	15	↑ 100%	0,00%	— 0%
5.	siggiziege.de	10	↑ 100%	0,00%	— 0%
	Fünf beliebteste Keywords	**Besuche**	**%±**	**G1/Besuch**	**%±**
1.	schoebs	4	↑ 100%	0,00%	— 0%
2.	labuschin.com	3	↑ 100%	0,00%	— 0%
3.	frameset css	1	↑ 100%	0,00%	— 0%
4.	recommended css sites	1	↑ 100%	0,00%	— 0%
5.	zeichencodierung firefox	1	↑ 100%	0,00%	— 0%
	5 beliebteste Kampagnen	**Besuche**	**%±**	**G1/Besuch**	**%±**
1.	(direct)	168	↑ 100%	0,00%	— 0%
2.	(referral)	127	↑ 100%	0,00%	— 0%
3.	(organic)	17	↑ 100%	0,00%	— 0%

Abbildung 59: Best-of Auswertung

Dieser kurze Überblick sollte genügen, um zu verstehen, dass man sich Google Analytics einmal näher anschauen sollte. Nur leider haben das viele andere auch erkannt, was dazu führte, dass Google Analytics Anfang des Jahres dadurch Schlagzeilen machte, dass keine Anwender mehr aufgenommen wurden – das System drohte zu kollabieren. Derzeit hat sich die Lage wieder ein wenig entspannt. Dennoch muss mit Wartezeiten bei der Aufnahme gerechnet werden.

B) etracker

Die etracker GmbH (http://www.etracker.de), ein führender deutscher Anbieter von Lösungen zur Analyse des Besucherverhaltens auf Websites, präsentiert mit etracker 6 die neue erweiterte Version seiner Web-Controlling Software. Ein Highlight von etracker 6: Die neue Version identifiziert schnell und zuverlässig Klickbetrug und unterbindet sogar betrügerisches Affiliate-Hopping. Ein Großteil dieser Betrügereien spielt sich rund um die Marketing-Maßnahmen ab, bei denen pro Klick abgerechnet wird, inzwischen treten jedoch auch spezielle Formen des Betrugs im Affiliate-Marketing auf. Auf Basis von intelligenten und lernfähigen Algorithmen können Website-Betreiber mit etracker 6 das natürliche Besucherverhalten auf ihrer Website einmessen und schnell und zuverlässig Abweichungen und somit Hinweise auf Klick- und Affiliatebetrug erkennen. Daneben bietet etracker unter anderem die Möglichkeiten, Besucherdetails wie geografische Herkunft, Provider, Betriebssystem, Browser, Bildschirmauflösung, installierte Plug-Ins oder JavaScripte zu ermitteln und entsprechend zu reagieren. Es lassen sich dabei beliebig viele Sites und auch Formulare tracken. Selbstverständlich wird auch eine Trichterfunktion wie bei Google Analytics angeboten.

Im Gegensatz zu herkömmlichen Log-File-Analysen erfasst etracker auch Sites, die nicht direkt vom Webserver, sondern aus einem Proxy-Cache (Zwischenspeicher) geladen wurden. Viele Webanwendungen werden heutzutage über das Verschlüsselungsprotokoll SSL realisiert. etracker ist SSL-fähig und kann somit auch ohne Einschränkungen geschützte Webauftritte analysieren.

Der etracker-Nutzer kann von jedem PC der Welt aus sofort und live auf alle Daten und Statistiken zugreifen. Es ist auch möglich, Berichtszusammenfassungen per E-Mail oder per WAP direkt auf das Handy zu erhalten.

Das Ganze hat jedoch seinen Preis. etracker bietet je nach Anforderung verschiedene Nutzungsmodelle an. So sind zum Beispiel zu nennen:

- etracker entry (150 Tsd. PI/M = Page-Impressions pro Monat; ab 1,11 Euro)
- etracker compact (bis 1 Mio. PI/M; ab 100 Euro)
- etracker company (bis 2 Mio. PI/M; ab 210 Euro)

Die genannten Preise verstehen sich inklusive Mehrwertsteuer, der kürzeste Abrechnungszeitraum beträgt 12 Monate.

Die folgende Abbildung 60 zeigt die Auswahlmaske von etracker. Diese Abbildung gibt einen guten Überblick über den Funktionsumfang der Analysesoftware.

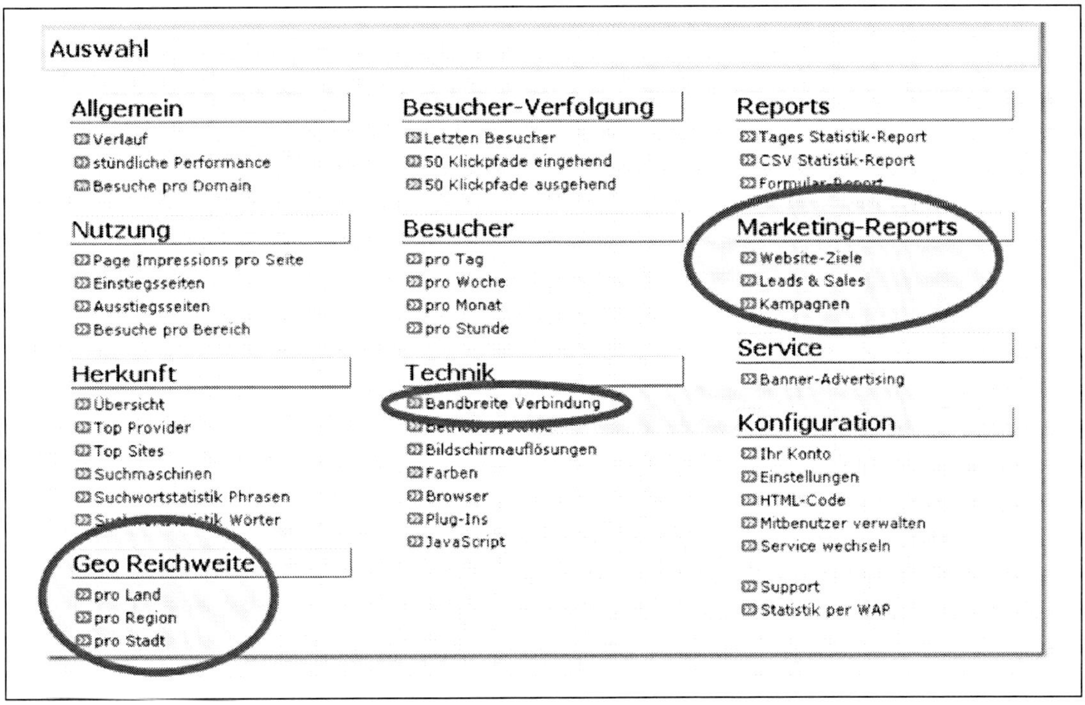

Abbildung 60: etracker Auswahlmaske

Abschließend werden Auszüge aus wesentlichen etracker-Berichten gezeigt.

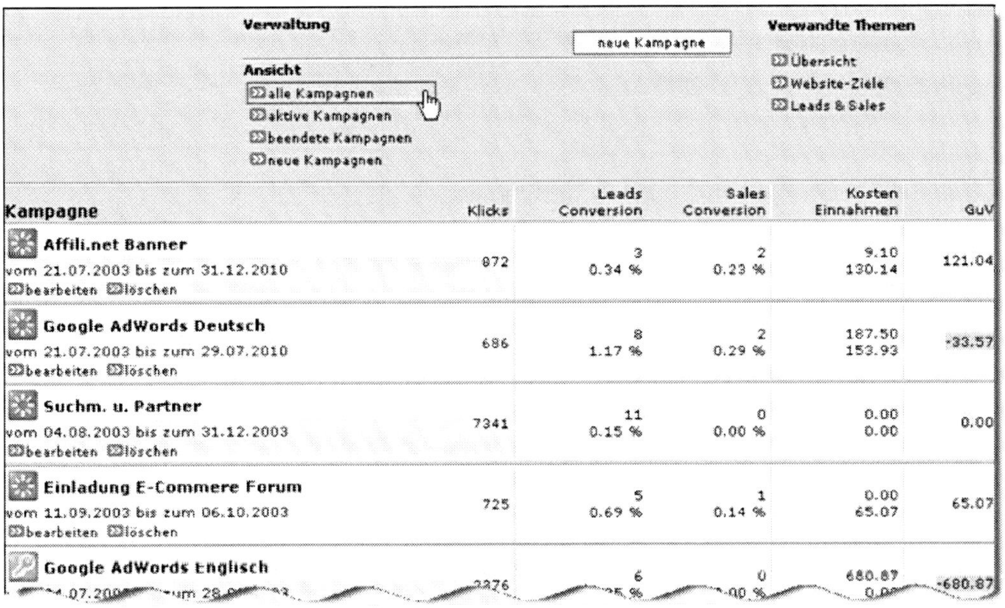

Abbildung 61: Tracking von Werbemitteln

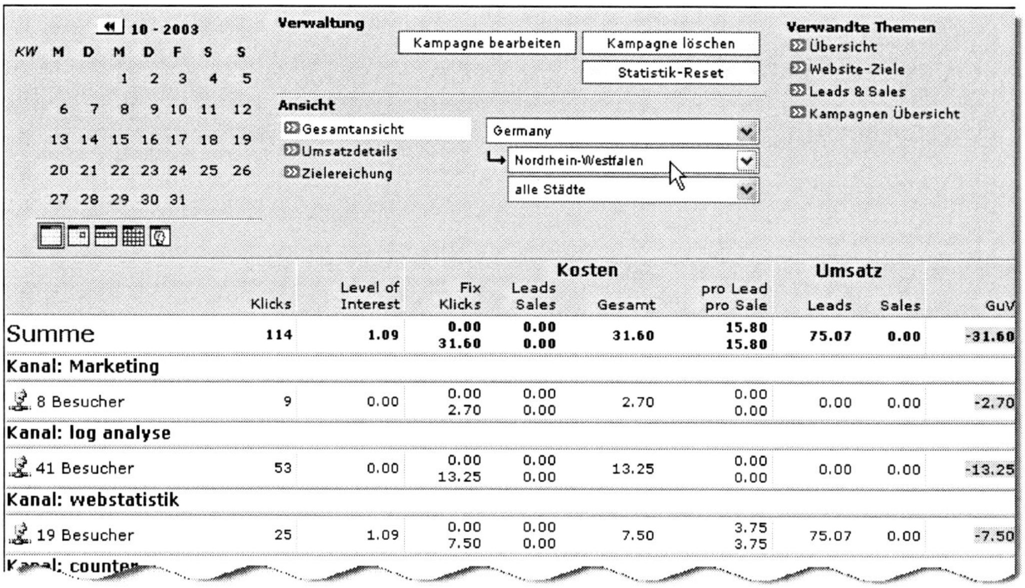

Abbildung 62: Traffic-Übersicht

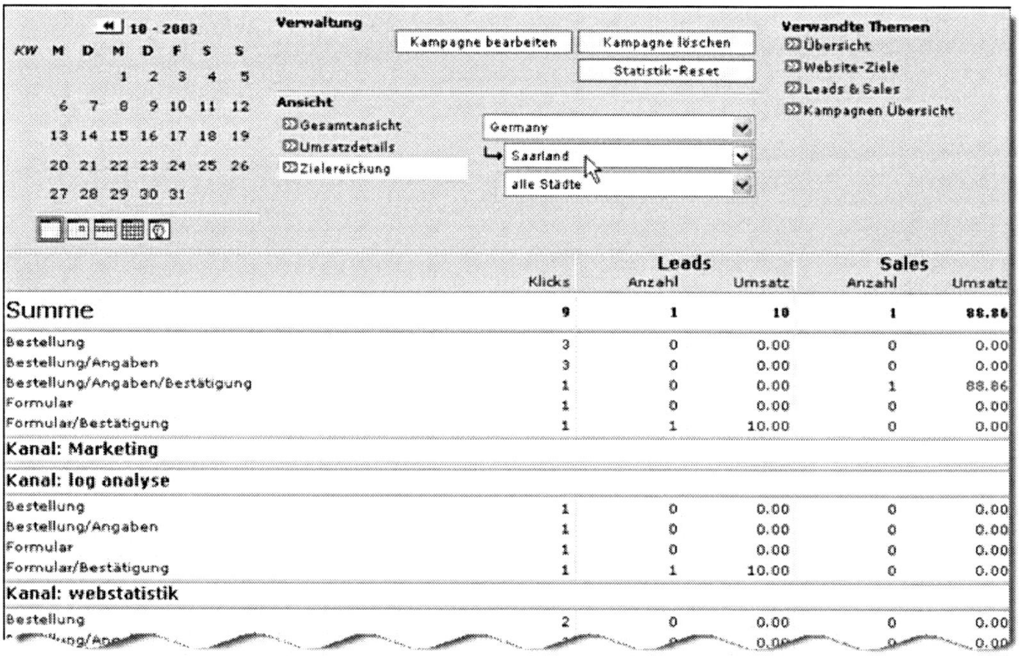

Abbildung 63: Auswertung der Zielerreichung

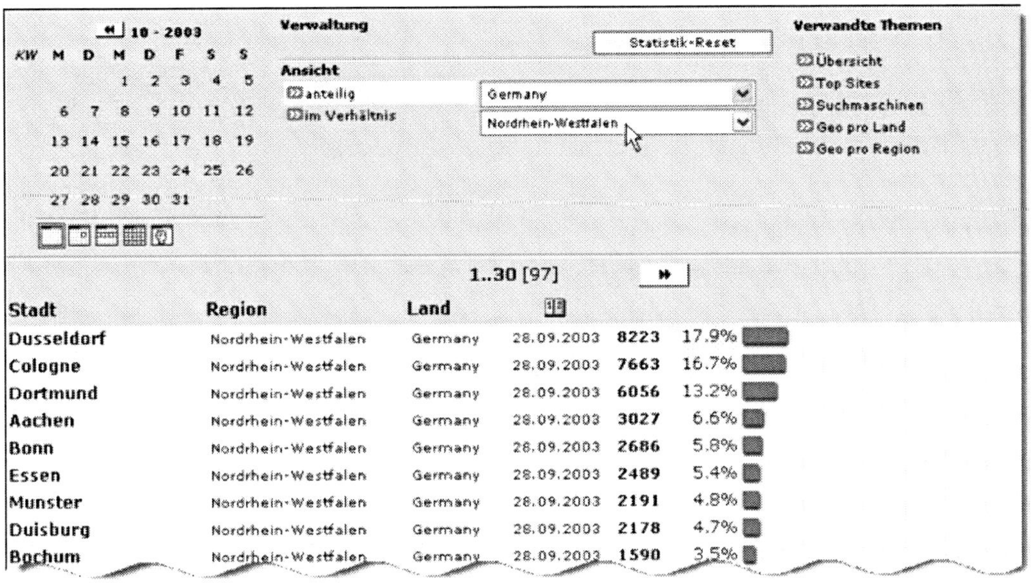

Abbildung 64: Geo-Targeting

C) Insight XE von Real Media

Das Webanalysetool Insight XE der Firma Real Media (http://www.247realmedia.de/products/webanalytics.html) unterstützt, wie die bereits beschriebenen Applikationen Google Analytics und etracker, die Analyse des Benutzerverhaltens beim Besuch der Websites. Es gibt jedoch einen gewichtigen Unterschied zu den vorangenannten Verfahren: Insight XE ist ein kostenloser Service von Real Media, der nur in Verbindung mit dort gebuchten Werbekampagnen eingesetzt werden kann. Es ist nicht möglich, Insight XE als isolierte Dienstleistung zum Tracken anderer Kampagnen einzusetzen. Schade, warum eigentlich nicht …?

Der Anwender kann mit Insight XE innerhalb seiner Real Media-Kampagnen unter anderem folgende Aspekte ermitteln:

- Traffic
- Verweis von externen Sites
- Unique Visitor Profile
- Attraktion neuer Besucher (Welche Inhalte ziehen neue Besucher an?)
- Durchschnittliche Verweildauer
- Navigation innerhalb der Site
- Benutzergruppen
- Transaktionen (Newsletter-Abo, Kauf, Download etc.)

Somit kann der Nutzer seine Online-Besucher besser kennen lernen und ermitteln, wo deren Interessensschwerpunkte liegen. Ferner ist Insight XE in der Lage, Besucher als Basis für Cross-Merchandising zu kategorisieren. Eine weitere Besonderheit von Insight XE ist das „404 Error-Tracking“. Das System prüft die Landing-Pages und leitet die Nutzer bei einem 404 Error (sogenannter toter Link) auf eine Alternativ-Site weiter. Der 404 Error wird umgehend im Berichtswesen erfasst, sodass eine schnelle Beseitigung möglich ist. An dieser Stelle ein Lob von uns für diese Funktion.

Die integrierte XML-Schnittstelle ermöglicht einen anwenderfreundlichen Datenexport zu Unternehmensanwendungen wie Microsoft Excel, wo die Daten weiter aufbereitet werden können. Ein weiterer Vorteil der Insight XE-Reports besteht darin, dass die Taxonomie es erlaubt, Reports in der gewohnten alltäglichen Geschäftssprache/ Vokabular des Kunden zu erstellen und nicht in schwer verständlichen technischen Tabellen.

Die Tatsache, dass Real Media mit dem Produkt „Open AdStream" auch einen professionellen AdServer zum Kampagnenmanagement offeriert, bietet die Möglichkeit, die Funktionsbereiche AdServer und Webanalysetool direkt zu kombinieren. Diese Möglichkeit bieten andere Analysetools so nicht.

Zur Funktionsweise von Insight XE sei nur soviel gesagt, dass das System auf einem JavaScript-Code basiert, der in die Website des Anwenders eingeflochten wird. Jedes Content-Management-System (ob vom Drittanbieter oder intern entwickelt) kann nahtlos Informationen an die JavaScript-Tags von Insight XE liefern. Die Templates der Anwender-Website sammeln so die erforderlichen Daten, ohne dabei das Ladeverhalten der Website negativ zu beeinflussen.

D) SZM-Online-Messverfahren

Abschließend zu den Webanalyseapplikationen soll das SZM-Messverfahren von INFOnline vorgestellt werden (www.INFOnline.de). Dieses unterscheidet sich von den vorangegangenen dadurch, dass es zum Messen von Seitenzugriffen und nicht zum Tracken von Werbeschaltungen entwickelt wurde. Aus Gründen der Vollständigkeit wird das SZM-Verfahren dennoch behandelt.

Das SZM ist seit 2001 am Markt und wird von der INFOnline GmbH betrieben. Neben deutschen Websites werden auch Seiten aus Österreich und der Schweiz erfasst. SZM steht für skalierbares zentrales Messsystem. Im Gegensatz zu anderen Analysesystemen ist es standardisiert. Es beruht auf dem IVW Online-Standard und den Definitionen, die sich rund 400 Betreiber bedeutender Internetangebote gegeben haben. Die Messergebnisse werden von der IVW zertifiziert. Das Prüfsiegel der IVW gilt im Online-Markt als Gütesiegel.

Basiseinheit der Zählung mit dem SZM ist das Angebot und die Website.

- Ein Angebot wird durch seine Internetadresse, den Full Qualified Domain Name (FQDN), bestimmt, zum Beispiel „INFOnline.de". Dies ist der Bezugsrahmen, in dem die eigentliche Messung stattfindet. Die FQDN bestimmt, was zu einem Angebot gehört und was nicht mehr. Die FQDN ist immer durch Aufrufen der Seiten erkennbar und nachvollziehbar.
- Unter einer Seite ist die zusammenhängende Darstellung von Inhalten (Content) zu verstehen, die durch den Aufruf des Nutzers auf dessen Bildschirm erscheint. Eine Seite kann aus verschie-

denen Objekten bestehen und aus verschiedenen technischen Verfahren zusammengesetzt sein. Objekte sind Texte, Grafiken, Bilder, Werbebanner etc., die sich durch die Seitenbeschreibungssprache HTML (Hyper Text Markup Language) über ein Programm auf dem Rechner des Nutzers zu einem Gesamtbild zusammenfügen.

Gemessen und ausgewiesen werden PageImpressions (Seitenaufrufe) und Visits (Zugriffe von „außen" auf ein Webangebot).

Zur Funktion des SZM ist zu sagen, dass der Nutzer in den HTML-Code seiner Websites einen sogenannten SZM-Tag einträgt. Dieser Tag besteht aus mehreren Zeilen HTML-Code und initiiert den Abruf eines Pixels von einer SZM-Box. Genaue technische Beschreibungen sind unter www.INFOnline.de verfügbar. Ruft ein User im Weiteren eine Website des getracken Angebots auf, wird neben der HTML-Site auch der SZM-Tag übertragen. Jeder Aufruf eines Tags vom Zählserver (SZM-Box) repräsentiert eine Site und ist mit einer neuen PageImpression gleichzusetzen. Der Aufruf selber und der vergebene Code wird von einer Messsoftware auf der entsprechenden SZM-Box registriert. Über einen geschützten Online-Zugang können die Nutzer kontinuierlich ihre aktuellen Daten einsehen.

Wer Interesse an einer Analyse seines Online-Angebotes durch das SZM hat, sollte zunächst Kontakt mit INFOnline aufnehmen. Hier gibt es weitere Informationen zum Verfahren, zu Technik, zu Support, den Auswertungsmöglichkeiten und Preisen. Auf Wunsch kann jeder Anbieter das SZM drei Wochen lang testen und danach entscheiden, ob er die Leistung dauerhaft und entgeltlich in Anspruch nehmen möchte.

Allgemeine Auswertungstipps

Abschließend werden generelle Auswertungstipps gegeben, die unabhängig von der eingesetzten Analysesoftware sind. Mit dem Abschluss des letzten Flights einer Kampagne sollte eine Endauswertung vorgenommen werden. Diese Endauswertung erfolgt anhand der Einzelreportings der geschalteten Flights. Folgende Punkte sollten dabei aufbereitet werden:

- Gesamtzahl der realisierten AdImpressions (Werbemitteleinblendungen)

Dieser Wert gibt die Bruttoreichweite (Nettoreichweite = um Mehrfachkontakte bereinigt) der Werbeschaltung wieder. Um näherungsweise eine Aussage darüber treffen zu können, wie viele Nutzer die Werbung gesehen haben (also die Nettoreichweite), ist folgende Rechnung durchzuführen:

$$\text{Nettoreichweite} = \frac{\text{AdImpressions} \times \text{Visits}}{\text{PageImpressions}}$$

$$\text{oder} \quad \frac{\text{AdImpressions}}{\text{Nutzungsidentität}}$$

Erläuterung: Auf einer Website mit 50.000 PageImpressions pro Woche werden im gleichen Zeitraum 10.000 AdImpressions geschaltet. Die Werbung erscheint somit durchschnittlich bei jedem 5. Seitenaufruf (PageImpression). In dieser Woche werden auf der Website 5.000 Visits (externe Zugriffe) gezählt. Es lässt sich somit näherungsweise sagen, dass in dieser Woche 5.000 verschiedene Nutzer die Site frequentiert haben.

Unterstellt man ein lineares Verhältnis, so kann man sagen, dass die Werbung 1.000 verschiedene Personen erreicht hat (= Nettoreichweite). Diese Rechnung ist pro Werbeträgerschaltung durchzuführen, weil die Nutzungsintensitäten von Site zu Site different sind. Die Einzelergebnisse sind zur Gesamt-Nettoreichweite aufzusummieren. Die Gesamtzahl der AdImpressions stellt den Branding-Effekt dar. Der Branding-Effekt führt zu einer Steigerung der Markenbekanntheit.

Gesamtzahl der AdClicks

Hier ist über alle Flights hinweg zu ermitteln, wie viele Nutzer während der Dauer der Kampagne über den Klick auf ein externes Werbemittel auf die Website des Werbetreibenden gelangt sind. Jeder getätigte AdClick führt auf der Website des Werbetreibenden zu einem Visit (externer Zugriff). Wurden während der Kampagne beispielsweise 5.000 AdClicks und auf der Website des Werbetreibenden 20.000 Visits gezählt, so kann man sagen, dass jeder vierte Nutzer der Website des Werbetreibenden in dieser Zeit über ein Werbemittel geworben wurde (= 25 Prozent). Das Werbeziel „Generieren von Traffic“ ist somit direkt messbar. Das Verhältnis AdClicks zu Visits sollte auf einer Zeitachse grafisch dargestellt werden (Traffic-Entwicklung). Die Abbildung sollte den Traffic vor, während und nach der Kampagne zeigen.

Gesamtkosten der Werbekampagne

Die Gesamtkosten werden ermittelt, indem die Gesamtkosten aller Buchungspläne der einzelnen Flights summiert werden.

Gesamt-CPC

Werden die Gesamtkosten durch die Gesamtzahl an AdClicks dividiert, erhält man den Gesamt-CPC der Kampagne. Es sei jedoch nochmals darauf hingewiesen, dass der CPC von der Zielgruppenhomogenität der Werbeschaltung beeinflusst wird. War die Kampagne stark qualitativ ausgerichtet, wird der Gesamt-CPC hoch sein. War die Kampagne eher quantitativ ausgerichtet, wird der Wert geringer sein.

TKP

Um die Online-Kampagne mit Werbeaktivitäten in anderen Medien monetär vergleichen zu können, wird der TKP ermittelt. Hierzu werden die Gesamtkosten durch die Gesamtzahl an AdImpressions dividiert und mit 1.000 multipliziert, um durch einen einheitlichen Nenner medienspezifische Reichweiten zu nivellieren.

Auswirkungen der Traffic-Steigerung

Unter diesem Punkt gilt es, die bereits beschriebene Entwicklung des Traffics auf der Website des Werbetreibenden mit den dort in dieser Zeit ausgeführten Aktivitäten (zum Beispiel Registrierungen, Reservierungen, Online-Kauf, News-Letter-Abo etc.) in Beziehung zu setzen. Unterstellt man eine Linearität, kann in Anlehnung an das oben genannte Beispiel gesagt werden, dass 25 Prozent aller Aktivitäten der Online-Kampagne zuzuschreiben sind. Es lässt sich somit ein angenommener ROI (Return on Investment) ermitteln, der eine Aussage darüber zulässt, was die Kampagne dem Werbetreibenden gebracht hat (auch monetär). Eine direkte Kausalität kann ohne eine Conversionrate jedoch nicht nachgewiesen werden.

Conversionrate

Wurde eine CPA-Buchung getätigt, wird die Conversion jeder Schaltung in jedem Flight im Reporting ausgewertet. Es lässt sich somit exakt feststellen, welche Aktivitäten auf der Website des Webetreibenden von Nutzern ausgeführt wurden, die über ein extern platziertes Werbemittel geworben wurden. Der ROI ist in diesem Fall exakt bestimmbar.

Beispiel: *Ziel einer Online-Kampagne ist es, auf der Website des Werbenden direkt session-based Produkte zu verkaufen. Folgende Eckdaten seien zur Kampagne gegeben:*

Schaltungskosten:	10.000 €
Produktpreis:	150 €
AdClicks:	4.000
Conversions (hier Online-Käufe):	200
Conversionrate:	5%

Durch die Kampagne wurden 200 Produkte mit einem Erlös von 30.000 Euro an Kunden verkauft, die über ein Online-Werbemittel geworben wurden. Subtrahiert man vom Umsatz die Schaltungskosten, ergibt sich ein Ertrag von 20.000 Euro. Dies entspricht einem ROI von 200 Prozent, das heißt für einen Euro, der in die Kampagne investiert wurde, sind zwei Euro an den Werbetreibenden zurückgeflossen. Es ist jedoch zu berücksichtigen, dass es sich bei den 30.000 Euro um den Umsatz und nicht um den Gewinn handelt. Würden dem Unternehmen durch den Verkauf von 200 Produkten mehr als 20.000 Euro an Kosten entstehen (Herstellkosten, Vertriebskosten usw.), würde der Werbetreibende trotz der getätigten Käufe mit der Kampagne Verlust machen. Nicht berücksichtigt wurden in diesem Exempel jedoch positive Effekte wie beispielsweise Steigerung der Markenbekanntheit, Image- und Ausstrahlungseffekte, Neukundengewinnungen etc.

Abschließend sei darauf hingewiesen, dass selbst bei der Ermittlung der Conversionrate Nutzer (hier Käufer) nicht der Werbekampagne zugeordnet werden, wenn sie zwar über das Werbemittel auf das Produkt beziehungsweise Angebot aufmerksam geworden sind, sich jedoch erst in einem späteren Direktaufruf über die URL (beispielsweise www.volkswagen.de) der Website des Werbetreibenden für eine Transaktion (hier Kauf) entschieden haben.

Zu fast allen genannten Punkten bietet sich eine grafische Auswertung nach Wochen sowie eine Kumulierung an. Durch eine solche Auswertung schafft man Transparenz und zeigt detailliert die Kampagneneckdaten sowie das Kampagnenresultat auf. In einer Abschlusspräsentation sollten die Ergebnisse präsentiert und diskutiert werden. Ferner bietet es sich an, die Abschlusspräsentationen sowie die einzelnen Reportings zu archivieren, um Wissen aufzubauen, um verschiedene Kampagnen miteinander vergleichen zu können.

7. Bewertung und Ausblick

Da das Internet gegenüber den konventionellen Werbemedien als Pull-Medium zu beschreiben ist, lautet die Werbeproblematik nicht „wie erreiche ich den Kunden“, sondern „wie erreicht der Kunde mich?“ Der Vorteil der Hyperlinks wird somit zum Teil relativiert und zu einer notwendigen Navigationshilfe, die das Internet als Werbeträger salonfähig macht.

Trotz der Bemühungen des IAB zur Standardisierung der Online-Werbemittel existiert eine hohe Unübersichtlichkeit. Das Internet hat in kürzester Zeit einen Fundus an Werbemitteln hervorgebracht, der in seinem Umfang innerhalb der konventionellen Medien nicht zu realisieren wäre. Die Gründe hierfür liegen in den technischen Möglichkeiten des Internets, den geringen Kosten sowie in den auf durchschnittlich 0,5 Prozent gesunkenen Click-Through-Rates der Banner. Immer größere und aufwändigere Werbemittel sollen die Klickraten wieder erhöhen. Das Internet ist als sehr schnelllebiges Werbemedium stark vom Neuheitsaspekt geprägt, weshalb die Vielfalt an Online-Werbemitteln nach Meinung der Autoren zukünftig weiter zunehmen wird.

In der Praxis gestaltet sich die seitenübergreifende Schaltung eines Werbemittels problematisch, da neben den Layout-Anforderungen (Pixel-Abmessungen) unterschiedliche Anforderungen in Bezug auf Dateigröße und Programmiersprache von Seiten der Anbieter vorliegen können. Darüber hinaus muss bei Verwendung eines AdServers die Spezifikation dieses Systems als zusätzliche Maßgabe berücksichtigt werden. In der Praxis treten bei der Werbemittel-Schaltung unter Umständen technische Probleme auf. Häufige Ursachen sind hier Server-Probleme, falsche oder defekte Hyperlinks sowie falsche oder defekte Tags. Diese Tatsache zwingt den Werbetreibenden dazu, die Kampagne zu kontrollieren. Dieser Kontrollvorgang erweist sich bei Teilbuchungen auf stark frequentierten Sites als problematisch, da die Werbung unter Umständen nur bei jedem 50. Seitenaufruf (PageImpression) eingeblendet wird (je nach Anzahl der gebuchten AdImpressions). Run of Network-Buchungen über ein AdServer-System erweisen sich als nahezu unkontrollierbar.

Generell sei darauf hingewiesen, dass nach wie vor gewisse Bevölkerungsgruppen nicht „online“ sind und daher von einer Online-Mono-Kampagne nicht erfasst würden. Ein weiteres generelles Problem der Online-Werbung sind die sinkenden CTR, die als Indikator für die zunehmende Reaktanz der Nutzer gesehen werden können. Dieses Problem fällt jedoch zu einem Teil auf die Online-Vermarkter selber zurück, die die Tatsache ausnutzen, dass es im Internet keine gesetzlichen Werberestriktionen gibt (vergleiche klassische Werbemedien: beispielsweise Rundfunkstaatsvertrag).

Im Internet wird jeder zum Verleger. www.wildschuetz.de steht prinzipiell gleichberechtigt neben www.spiegel.de oder www.sueddeutsche.de. Jeder hat die Möglichkeit, die Schaltung kommerzieller Werbeflächen anzubieten. Um auf messbare und damit vermarktbare Leistungskennzahlen zu kommen, muss das eigene Angebot online und offline beworben werden. Die Werbeträger müssen in Analogie zu den konventionellen Medien Geld in ihre eigene Werbeattraktivität investieren.

All diesen Nachteilen stehen jedoch massive Vorteile gegenüber, die zu einem Großteil bereits in den vorangegangenen Abschnitten erläutert wurden. Es sollen daher nur noch einmal die wesentlichsten kurz genannt werden:

- Das Internet ist ein interaktives audiovisuelles Werbemedium.
- Die Response ist in Form von AdClicks direkt messbar.
- Es bietet durch innovative Werbemittel gute Möglichkeiten der Produktpräsentation (zum Beispiel 360°-Ansichten, Simulatoren, Emulatoren etc.).
- AdServer bieten flexible und ausgefeilte Schaltungsmöglichkeiten.
- Durch die Vielzahl an Special-Interest-Sites ist eine gute Zielgruppenselektion realisierbar.
- Die Werbeschaltung auf Ergebnisseiten von Suchmaschinen bietet eine hervorragende Möglichkeit der thematischen Zielgruppenselektion.
- Es werden flexible Abrechnungsmodelle wie CPC (100 Prozent variable Kosten) offeriert.
- Die Integration von Hyperlinks ermöglicht die Darbietung weiterführender Informationen auf der verlinkten Website.
- Mit innovativen Werbemitteln hat der Werbende die Möglichkeit, mit seinem Angebot zum Kunden zu gehen.

Das eingangs erwähnte Szenario „2010" ist nicht mehr fern. Die geschilderten Trends und Möglichkeiten zeigen, dass die Schmidts von morgen quasi schon unter uns sind. Die Evolution, die das Internet mit sich bringt, steht noch am Anfang. Wir sind uns sicher, es wird kein Stein auf dem anderen bleiben. Nichts wird unsere Lebensgewohnheiten und unsere Medienlandschaft so nachhaltig verändern wie das Internet. Die BigPlayer Google, Microsoft und Yahoo! haben das längst erkannt und kämpfen bereits erbittert um die Führungsrolle im medialen Megamarkt. Die Werbetreibenden gehen da hin, wo die Kunden sind – richtig, ins Internet. Die Gates-Fraktion plant derzeit in Deutschland ein adCenter nach dem Vorbild in den USA. Nach dem Prinzip des „One-Stop-Shop" soll der Kunde dort alle werblichen Leistungen aus einer Hand erhalten. In Analogie zu Microsoft plant Yahoo! ebenfalls ein umfassendes adCenter. Nach einem Jahr Entwicklungszeit soll die neue Marketingplattform bereits im dritten Quartal 2006 an den Start gehen.

Vorbei sind die Zeiten, in denen Investoren beim Wort „Internet" Tränen in die Augen bekamen. Das Medium ist erwachsen geworden, hat sich gerüttelt und unnutzer Ballast ist abgefallen. Die Zeit der Blender, Taschenspieler und Illusionisten ist abgelaufen. Im Internet zählt nur noch eines, Performance!

Wie formulierte es Alexander Holl, Marketingdirektor Overture Deutschland, in seinem Geleitwort zu unserer ersten Ausgabe in Anlehnung an Hans Christian Andersens Märchen vom hässlichen Entlein so treffend: Es schadet nichts, in einem Entenhof geboren worden zu sein, wenn man nur in einem Schwanenei gelegen hat!

Dem ist nichts hinzuzufügen.

BusinessVillage – Update your Knowledge!

Persönlicher Erfolg

583 Free your mind – Das kreative Selbst, Albert Metzler
596 Endlich frustfrei! Chefs erfolgreich führen; Christiane Drühe-Wienholt
604 Die Magie der Effektivität, Stéphane Etrillard
624 Gesprächsrhetorik, Stéphane Etrillard
631 Alternatives Denken, Albert Metzler
661 Allein erfolgreich – Die Einzelkämpfermarke, Giso Weyand

Präsentieren und konzipieren

590 Konzepte ausarbeiten – schnell und effektiv, Sonja Klug
632 Texte schreiben – Einfach, klar, verständlich, Günther Zimmermann
635 Schwierige Briefe perfekt schreiben, Michael Brückner
625 Speak Limbic – Wirkungsvoll präsentieren, Anita Hermann-Ruess
646 Geschäftsbriefe und E-Mails – Schnell und professionell, Irmtraud Schmitt

Richtig führen

614 Mitarbeitergespräche richtig führen, Annelies Helff; Miriam Gross
616 Plötzlich Führungskraft, Christiane Drühe-Wienholt
629 Erfolgreich Führen durch gelungene Kommunikation, Stéphane Etrillard; Doris Marx-Ruhland
638 Zukunftstrend Mitarbeiterloyalität, 2. Auflage, A. M. Schüller
643 Führen mit Coaching, Ruth Hellmich

Vertrieb und Verkaufen

479 Messemarketing, Elke Clausen
561 Erfolgreich verkaufen an anspruchsvolle Kunden, Stéphane Etrillard
562 Vertriebsmotivation und Vertriebssteuerung, Stéphane Etrillard
587 Zukunftstrend Empfehlungsmarketing, Anne M. Schüller
605 Fit für die Neukundengewinnung, Rolf Leicher
606 Sell Limbic – Einfach verkaufen, Anita Hermann-Ruess
618 Events und Veranstaltungen professionell managen, Melanie Dressler
619 Erfolgreich verhandeln, erfolgreich verkaufen, Anne M. Schüller
647 Erfolgsfaktor Eventmarketing, Melanie von Graeve
664 Best-Selling – Verkaufen an die jungen Alten, Stéphane Etrillard
668 Mystery Shopping, Ralf Deckers; Gerd Heinemann
724 Sell Clever! Neukundengewinnung für Dienstleister, Hansjörg Schmidt
726 Sog-Selling – Einfach unwiderstehlich verkaufen, Stéphane Etrillard

Kundenbindung

476 Beschwerdemanagement, Klaus Erlbeck
567 Zukunftstrend Kundenloyalität, Anne M. Schüller
570 Couponing in der Praxis, Sebastian Dierks; Dirk Ploss
573 Kundenwert durch Kundenbindung in der Praxis, Kolja Wehleit; Arno Bublitz
577 CRM erfolgreich einsetzen, Prof. Dr. Heinrich Holland
610 Faktor Service – Was Kunden wirklich brauchen, Dirk Zimmermann

Direkt-Marketing

546 Telefonmarketing, Robert Ehlert, Annemike Meyer
563 Telefonmarketing-Kampagnen, Markus Grutzeck
584 Perfekt texten, Detlef Krause
586 Adress- und Kundendatenbanken für das Direktmarketing, Carsten Kraus

PR und Kommunikation

478 Kundenzeitschriften, Thomas Schmitz
557 Krisen PR – Alles eine Frage der Taktik, Frank Wilmes
569 Professionelle Pressearbeit, Annemike Meyer
595 Interne Kommunikation. Schnell und effektiv, Caroline Niederhaus
653 Public Relations, Hajo Neu, Jochen Breitwieser
594 1×1 für Online-Redakteure und Online-Texter, Saim Rolf Alkan
691 Wie Profis Sponsoren gewinnen, 2. Auflage Roland Bischof

Online-Marketing

361 Effizientes Suchmaschinen-Marketing, Thomas Kaiser
506 Besser texten, mehr verkaufen auf Corporate Websites, Stefan Heijnk
688 Performance Marketing, 2. Auflage, Thomas Eisinger; Lars Rabe; Wolfgang Thomas (Hrsg.)
690 Erfolgreiche Online-Werbung, 2. Auflage, Marius Dannenberg; Frank H. Wildschütz

Marketing-Strategien

454 Professionelle Preisfindung, Georg Wübker
533 Corporate Identity ganzheitlich gestalten, Volker Spielvogel
574 Marktsegmentierung in der Praxis, Jens Böcker; Katja Butt; Werner Ziemen
603 Die Kunst der Markenführung, Carsten Busch
612 Cross-Marketing – Allianzen, die stark machen, Tobias Meyer, Michael Schade
630 Kommunikation neu denken – Werbung, die wirkt Malte Altenbach
712 Der Wow-Effekt – Marketing mit kleinem Budget und großer Wirkung, Claudia Hilker

Zielgruppenmarketing

566 Seniorenmarketing, Hanne Meyer-Hentschel; Gundolf Meyer-Hentschel
571 Generation 40+ Marketing, Elke Verheugen

Gründen und Finanzen

622 Die Bank als Gegner, E. A. Bach; V. Friedhoff; U. Qualmann
634 Forderungen erfolgreich eintreiben, Christine Kaiser
656 Praxis der Existenzgründung – Erfolgsfaktoren für den Start, Werner Lippert
657 Praxis der Existenzgründung – Marketing mit kleinem Budget, Werner Lippert
658 Praxis der Existenzgründung – Die Finanzen im Griff, Werner Lippert

Faxen Sie dieses Blatt an:
+49 (5 51) 20 99-105

Oder senden Sie Ihre Bestellung an:
BusinessVillage GmbH
Reinhäuser Landstraße 22, 37083 Göttingen
Tel. +49 (5 51) 20 99-100
info@businessvillage.de

BusinessVillage

Ja, ich bestelle:

☐ Exemplar(e)

☐ Exemplar(e)

Speak Limbic – Wirkungsvoll präsentieren

Ein Arbeitsbuch, das Präsentierenden, Verkäufern, Textern und Strategen zeigt, wie sie die limbischen Profile ihrer Zielgruppe herausfinden und diese direkt und gezielt ansprechen.

Art.-Nr. 679
79,00 € • 81,50 € [A] • 130,00 CHF

Endlich frustfrei! Chefs erfolgreich führen

Wie kann ich meinen Chef dazu bringen, das zu tun, was ich will? Diese Frage stellen sich viele Mitarbeiter. Eigentlich ganz einfach! Praxisnah erfahren Sie in diesem Buch, wie Sie Ihren Chef auf Ihre Seite ziehen und ihn für Ihre Ideen und Ziele gewinnen. So klappts endlich mit dem Chef!

Art.-Nr. 596
21,80 € • 22,50 € [A] • 35,90 CHF

(Alle Praxisleitfäden der Edition PRAXIS.WISSEN kosten 21,80 € • 22,50 € [A] • 35,90 CHF)

Menge	Art.-Nr.	Titel	Einzelpreis €/CHF
1	**669**	**>> KOSTENLOS – Erfolgsfaktoren**	**0,00 €**

Firma

Vorname | Name

Straße | Land | PLZ | Ort

Tolofon | E-Mail

Datum, Unterschrift

BusinessVillage – Update your Knowledge!